Bioactividad de péptidos derivados de proteínas alimentarias

Editores:

Maira Segura-Campos

Luis Chel Guerrero

David Betancur Ancona

Editores: Maira Segura-Campos, Luis Chel Guerrero, David Betancur Ancona

bancona@uady.mx

Facultad de Ingeniería Química, Universidad Autónoma de Yucatán (México)

ISBN: 978-84-940234-4-6

DL: B-8640-2013

DOI: http://dx.doi.org/10.3926/oms.136

© OmniaScience (Omnia Publisher SL) 2013

Diseño de cubierta: OmniaScience

Fotografía cubierta: © carballo (Fotolia.com)

Impreso por CreateSpace

Agradecimientos

La realización de los trabajos presentados en este libro fueron posibles gracias al apoyo financiero de los siguientes proyectos:

- Investigación científica dirigida al desarrollo de derivados proteínicos de Mucuna pruriens con potencial actividad biológica para la prevención y/o tratamiento de enfermedades crónicas asociadas al sobrepeso y la obesidad. Consejo Nacional de Ciencia y Tecnología (CONACYT-Ciencia Básica-2010, México).

- Actividad biológica de fracciones peptídicas derivadas de la hidrólisis enzimatica de proteínica de frijoles lima (Phaseolus lunatus) y caupì (Vigna unguiculata). Consejo Nacional de Ciencia y Tecnología (CONACYT-Ciencia Básica-2010, México).

- Bioactividad y propiedades fisicoquimicas de sistemas hidrocoloides mixtos integrados por proteinas hidrolizadas de frijol lima (Phaseolus lunatus) y goma modificada de flamboyan (Delonix regia). Consejo Nacional de Ciencia y Tecnología (CONACYT-Ciencia Básica-2008, México).

- Red Temática "Bioactividad de Péptidos e Hidrolizados", Proyecto "Purificación y caracterización de péptidos bioactivos obtenidos por hidrólisis enzimática de proteínas de fuentes vegetales subutilizadas". 2009-2012. Programa de Mejoramiento del Profesorado de la Secretaría de Educación Pública (PROMEP-SEP, México).

Índice

Presentación

Bioactividad de péptidos derivados de proteínas alimentarias

Actualmente las proteínas y péptidos con actividad biológica constituyen una de las categorías más importantes dentro del sector de los alimentos funcionales. Sector en franco crecimiento, ya que hoy en día se reconoce en mayor medida que llevar un estilo de vida sano incluida la dieta, puede contribuir a reducir el riesgo de padecer enfermedades y a mantener un buen estado de salud. Los péptidos con actividad biológica pueden generarse durante el procesamiento de alimentos, por hidrólisis *in vitro* o durante la digestión gastrointestinal, siendo estos mecanismos insuficientes para generar sus efectos funcionales por lo que se debe recurrir a generarlos mediante hidrólisis enzimática. Los péptidos son secuencias aminoacídicas que tienen la capacidad de regular diversos procesos fisiológicos.

La literatura científica evidencia que los péptidos pueden atravesar el epitelio intestinal y llegar a tejidos periféricos vía circulación, pudiendo ejercer efectos tanto a nivel local (tracto gastrointestinal), como a nivel sistémico. Resulta relevante que diversos estudios han demostrado que cualquier proteína, independientemente de sus funciones y calidad nutrimental, puede ser empleada para generar péptidos con actividad biológica, potenciando así el uso de proteínas de origen no convencional o subutilizadas. La necesidad de contar con alimentos que sean más beneficiosos para la salud, también se ve apoyada por los cambios socioeconómicos y demográficos que se están dando a nivel mundial. El aumento de la esperanza de vida, tiene como consecuencia el incremento de la edad promedio de la población, así como el aumento de los costos de los servicios públicos de salud, estos dos aspectos han potenciado que los gobiernos, los investigadores, los profesionales de la salud y la industria alimenticia busquen maneras de establecer una base científica que apoye los fundamentos beneficiosos que se asocian a los componentes funcionales o los alimentos que los contienen. En este sentido las proteínas y péptidos con actividad biológica podrían contribuir a reducir la epidemia mundial de enfermedades crónico-degenerativas, causantes de un gran número de discapacidades y muertes prematuras. Si bien durante la pasada década se ha generado una gran cantidad de evidencia científica sobre la actividad biológica de proteínas y péptidos sigue siendo prioritario evaluar aspectos fundamentales como la producción a gran escala, la estabilidad e interacción con diferentes matrices alimentarias, la estabilidad gastrointestinal, la biodisponibilidad y los posibles efectos secundarios de su consumo prolongado.

Por todo lo anterior, este libro pretende divulgar los efectos beneficiosos de los péptidos biológicamente, activos como parte integral de los hidrolizados y de las fracciones proteicas, abriendo con ello una puerta al desarrollo de nuevos productos que establezca el enlace entre la nutrición y la salud. Esto sienta las bases para transferir los resultados de la investigación a la industria alimentaria fomentando con ello la utilización, conservación, caracterización y evaluación de recursos biológicos para la alimentación asimismo se fortalecería el crecimiento económico a través de la innovación científica y tecnológica en pro del bienestar social.

Maira Segura-Campos, Luis Chel Guerrero, David Betancur Ancona

Facultad de Ingeniería Química, Universidad Autónoma de Yucatán (México)

bancona@uady.mx

Referenciar este libro

Segura Campos, M., Chel Guerrero, L., & Betancur Ancona, D. (2013). *Bioactividad de péptidos derivados de proteínas alimentarias*. Barcelona: OmniaScience. http://dx.doi.org/10.3926/oms.136

Capítulo 1

Proteínas y péptidos biológicamente activos con potencial nutracéutico

Jorge Ruiz Ruiz, Maira Segura Campos, David Betancur Ancona, Luis Chel Guerrero

Facultad de Ingeniería Química, Universidad Autónoma de Yucatán, Periférico Norte. Km. 33.5, Tablaje catastral 13615, Col. Chuburná de Hidalgo Inn, Mérida, Yucatán, CP 97203, México.

jcruiz_ruiz@hotmail.com, maira.segura@uady.mx, bancona@uady.mx, cguerrer@uady.mx

Doi: http://dx.doi.org/10.3926/oms.34

Referenciar este capítulo

Ruiz Ruiz, J., Segura Campos, M. Betancur Ancona, D., & Chel Guerrero, L. (2013). Proteínas y péptidos biológicamente activos con potencial nutracéutico. En M. Segura Campos, L. Chel Guerrero & D. Betancur Ancona (Eds.), *Bioactividad de péptidos derivados de proteínas alimentarias* (pp. 11-27). Barcelona: OmniaScience.

1. Introducción

Las proteínas son el principal componente estructural de células y tejidos, siendo necesarias para el crecimiento y el desarrollo corporal, para el mantenimiento y reparación de tejidos, por su acción catalítica y como constituyentes esenciales de ciertas hormonas. Estudios recientes han demostrado que las proteínas y los péptidos derivados de ellas, exhiben una serie de actividades biológicas con efecto directo sobre procesos fisiológicos del organismo, más allá de su aporte nutrimental (Iwaniak & Minkiewicz, 2007). Los péptidos con actividad biológica, han sido aislados principalmente a partir de hidrolizados proteínicos y de productos lácteos modificados por fermentación bacteriana, pero también se pueden generar durante la digestión gastrointestinal (Manninen, 2004). Esta secuencias aminoacídicas tienen la capacidad de regular diversos procesos fisiológicos (Tabla 1), alterando el metabolismo celular y actuando como hormonas o neurotransmisores a través de interacciones hormona-receptor y cascadas de señalización; también pueden ejercer su acción sobre la regulación del metabolismo controlando las glándulas de excreción, ajustando la presión arterial, ejerciendo efectos sobre el sueño, memoria, dolor, apetito y los efectos de las vías de estrés sobre el sistema nervioso central, ejerciendo sus efectos a nivel local o en diversos órganos una vez que han ingresado en el sistema circulatorio (Vermeirssen, Van Camp & Verstraete, 2004).

Péptidos	Efecto en el organismo
Inmunomoduladores	Estimulan la respuesta inmune
Inhibidores de la enzima convertidora de Angiotensina-I	Reducen el riesgo de padecer enfermedades cardiovasculares
Antioxidantes	Previenen enfermedades degenerativas y envejecimiento
Reguladores del tránsito intestinal	Mejoran la digestión y absorción
Reguladores de la proliferación intestinal	Reducen la proliferación de tumores cancerígenos
Antimicrobianos	Reducen el riesgo de infecciones
Hipocolesterolémicos	Reducen el riesgo de padecer enfermedades cardiovasculares
Anticoagulantes	Reducen los riesgos de padecer trombos

Tabla 1.Péptidos biológicamente activos y sus efectos en el organismo (Iwaniak & Minkiewicz, 2007)

Resulta relevante que diversos estudios han demostrado que cualquier proteína independientemente de sus funciones y calidad nutricional, puede ser empleada para generar péptidos con actividad biológica (Tabla 2), potenciando así el uso de proteínas de origen no convencional o subutilizadas, como proteínas vegetales provenientes de fuentes silvestres, residuos de pesquerías, subproductos de la extracción de aceites, etc. (Meisel, 2001).

Péptidos	Origen	Nombre/secuencia
Inhibidores de ECA /hipotensores	Soya	NWGPLV
	Pescado	LKP, IKP,LRP (derivado de sardina, bonito, atún, calamar)
	Carne	IKW, LKW
	Leche	Lactoquininas (WLAHK, LRP, LKP)
		Casoquininas (FFVAP, FALPQY, VPP)
	Huevo	KVREGTTY
		Ovokinina (FRADHPPL)
		Ovokinina (2-7)(KVREGTTY)
Inmunomoduladores	Trigo	IAP
		Inmunopéptidos
	Brócoli	YPK
	Arroz	GYPMYPLR
	Leche	Inmunopéptidos (ej. αs1inmunocasoquinina) (TTMPLW)
Citomoduladores	Leche	α-Casomorfina (HIQKED(V)),
		β-casomorfina-7 (YPFPGPI)
Opioides agonistas	Trigo	Exorfinas A4, A5 (GYYPT), B4, B5 Y C (YPISL)
	Leche	α- Lactorfinas; β-Lactorfinas
		Casomorfinas
Opioides antagonistas	Leche	Lactoferroxina
		Casoxinas
Antimicrobianos	Huevo	(f 109-200)
	Leche	Lactoferricina
Antitrombóticos	Leche	κ-CN(f106-116), casoplatelinas
Quelantes de metales, anticariogénicos	Leche	Caseinofosfopéptidos
Hipocolesterolémicos	Soya	LPYPR
	Leche	IIAEK
Antioxidantes	Pescado	MY
	Leche	MHIRL, YVEEL, WYSLAMAASDI

Tabla 2.Péptidos con actividad biológica derivados de diversas fuentes proteínicas.
(Hartmann & Meisel, 2007)

Considerando la relación que guarda la nutrición con el estado de salud, los péptidos con actividad biológica podrían ayudar a reducir la actual epidemia de enfermedades crónicas degenerativas que afectan a un amplio sector de la población mundial (WHO, 1999). Además de impactar el mercado de alimentos, donde el rubro de alimentos funcionales crece a un ritmo del 20% anual. El futuro de los alimentos funcionales es predecible, pues la preocupación por la salud conlleva al aumento de la demanda de este tipo de productos por parte de los consumidores y al desarrollo de nuevos productos funcionales basados en efectos cuantificables sobre la salud (Espín, García-Conesa & Tomás-Barberán, 2007).

En este sentido, las primeras afirmaciones acerca del potencial nutracéutico de las proteínas y los péptidos derivados de ellas, se basaron en estudios *in vitro* y en limitadas intervenciones clínicas (Möller, Scholz-Ahrens, Roos & Schrezenmeir, 2008). Aun es necesario evaluar aspectos fundamentales como la producción a gran escala, la estabilidad e interacción con diferentes matrices alimentarias, la estabilidad gastrointestinal, la biodisponibilidad y los posibles efectos secundarios de su consumo prolongado.

2. Péptidos antitrombóticos y anticariogénicos

Figura 1.Productos alimenticios y de higiene bucal incorporados con péptidos con actividad antitrombótica y anticariogénica

Se sabe que la epidemia de las enfermedades cardiovasculares avanza rápidamente tanto en los países desarrollados como en los que se encuentran en vías de desarrollo. Las patologías cardiovasculares causan el 29% de todas las muertes registradas en el mundo (NAAIS, 2005). La trombosis consiste en la obstrucción local del flujo de sangre por una masa en algún vaso arterial o venoso, causando que los tejidos irrigados por este vaso sufran isquemia. Los trombos resultan de un desequilibrio en la activación de los procesos homeostáticos normales, lo anterior causa la formación de trombos en tejido vascular no lesionado (Montero-Granados & Monge-Jiménez, 2010). Los fármacos empleados en el tratamiento de la trombosis resultan costosos y en ocasiones presentan efectos secundarios, por lo que se ha hecho necesario generar alternativas terapéuticas que no presenten las limitantes anteriores (Bañas, 2001). Por otra parte, la caries dental, es junto con la gingivitis, la enfermedad más frecuente en la población adulta, cuando la caries da lugar a pérdidas de uno o varios dientes, estas ausencias, conducirán a problemas masticatorios y digestivos, así como estéticos (Canseco, 2001). La placa bacteriana, formada por la acumulación de las bacterias que suelen estar en la boca, prolifera cuando no existe una adecuada higiene bucal, si a esto se suma una dieta rica en azúcares y la existencia de defectos en el esmalte, dará como resultado la desmineralización del esmalte (Ayad, van Wuyckhuyse, Minaguchi, Raubertas, Bedi, Billings et al., 2000). En los países industrializados dicha problemática ha sido controlada parcialmente con la adición de fluoruro al gua potable y a los productos de higiene bucal, sin embargo esta patología sigue representando una carga onerosa para los sistemas de salud pública (Medina, Maupomé, Ávila, Pérez, Pelcastre & Pontigo, 2006). La búsqueda de nuevas alternativas para la prevención y el manejo de estas patologías han conducido al estudio de nuevos productos o ingredientes de uso seguro y efectivo. Como los péptidos con efecto antitrombótico, los cuales has sino aislados de diversas fuentes como la caseína, cuya actividad biológica parece estar relacionada con su similitud estructural con la cadena γ del fibrinógeno humano, de forma que entran en competencia con los receptores plaquetarios superficiales, inhibiendo así, la agregación que da lugar a la formación de trombos (Baró et al., 2001). Estudios recientes han demostrado que los caseinofosfopéptidos presentes en hidrolizados de leche y suero de leche, presentan capacidad anticariogénica debido a la carga negativa de los aminoácidos que los constituyen, principalmente los que tienen unidos grupos fosfatos, de esta forma presentan un sitio para quelar minerales; es así como el efecto anticariogénico se presenta a través de la recalcificación del esmalte dental (Aimutis, 2004). Este tipo de péptidos pueden ser incorporados a productos con potencial aplicación preventiva o terapéutica para las patologías antes mencionadas. Como es el caso del Glicomacropéptido (GMP) un péptido bioactivo obtenido del suero de leche, durante la fabricación de queso la leche se trata con quimosina, la proteína de la leche (k-caseína) se hidroliza en dos polipéptidos. El péptido más grande que contiene los residuos de aminoácidos 1-105 se llama para-κ-caseína, que se convierte en parte de la cuajada del queso, mientras que el péptido más pequeño que contiene los residuos de aminoácidos 106-169 se vuelve soluble y constituye parte del suero. El GM es relativamente pequeño, con un peso molecular de 8 kDa, sin embargo, debido a la glicosilación su tamaño real puede variar de 25 a 30 kDa (Aimutis, 2004). Este péptido con actividad antitrombótica, anticariogénica y antimicrobiana ha sido purificado y comercializado por Davisco, Foods International Inc. (BioPureGMP[TM]) (Figura 1). También se han combinado péptidos con fosfato cálcico amorfo para ser empleados como ingredientes de enjuagues bucales, pasta de dientes (Prospec MI Paste[TM], GC Tooth Mouse[TM]) o gomas de mascar (Recaldent[TM], Trident[TM]) (Figura 1), debido a su efecto anticariogénico a través de la recalcificación del diente (Reynolds, 1999). Lo anterior pone de manifiesto el potencial que tiene estos péptidos, tanto los que se obtienen directamente por hidrólisis como los que se modifican químicamente, para ser incorporados en diferentes productos.

3. Péptidos inhibidores de la enzima convertidora de Angiotensina-I (Antihipertensivos)

El incremento del número de casos de síndrome metabólico es una de las causas de la expansión de la epidemia mundial de diabetes tipo 2 y de enfermedades cardiovasculares (Dunstan, Zimmet, Welborn, De Courten, Cameron & Sicree, 2002). El síndrome metabólico tiene una prevalencia en la población mundial del 25%, dicha población tiene una probabilidad tres veces mayor de sufrir un ataque cardíaco o un accidente cerebrovascular y dos veces mayor de morir por tales causas (Isomaa, Almgren, Tuomi, Forsen, Lahti & Nissen, 2001). En este sentido, la hipertensión arterial (HTA) es considerada actualmente como la enfermedad crónica más frecuente del mundo, se estima que hasta 25% de la población la padece, en México, la HTA sistémica es un grave problema de salud pública (López-Correa & Carranza-Madrigal, 2011). Entre los fármacos antihipertensivos más utilizados se encuentran los inhibidores de la Enzima Convertidora de Angiotensina-I (ECA), los cuales reducen la formación del vasoconstrictor Angiotensina-II (Hirsch, 2003). La ECA actúa por un lado hidrolizando el decapéptido Angiotensina-I (Figura 2) para producir Angiotensina-II que es vasoconstrictor y por otro degrada el péptido vasodilatador bradiquinina (Skow, Smith & Shaughnessy, 2003).

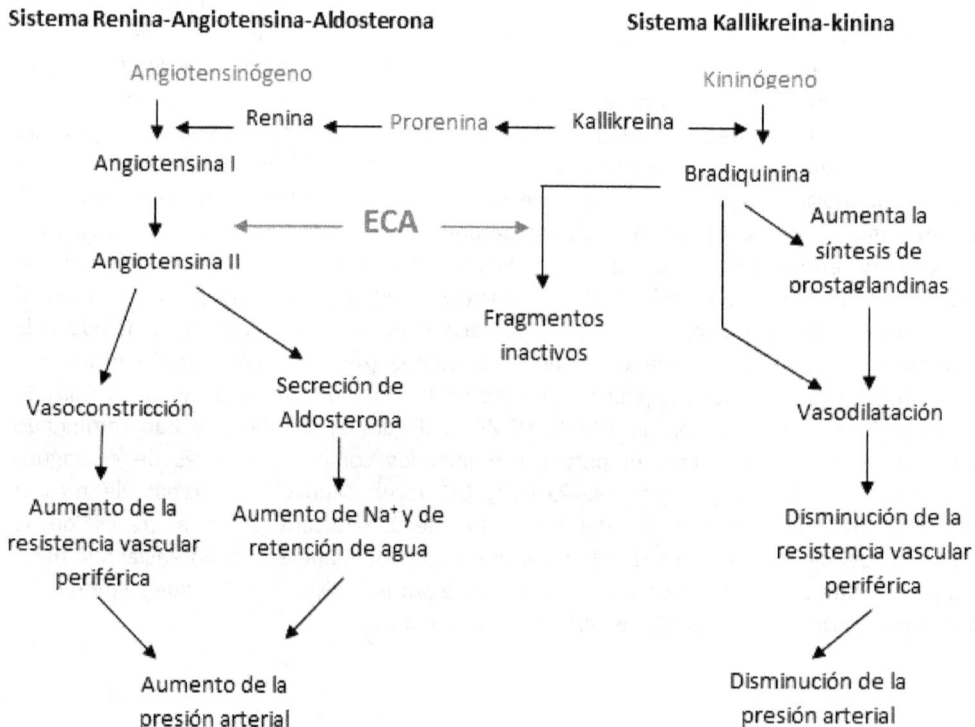

Figura 2.Reacciones catalizadas por la Enzima Convertidora de Angiotensina-I en los sistemas Renina-Angiotensina-Aldosterona y Kalikreina-kinina

La Angiotensina-II juega un importante papel en la regulación de las funciones renales, vasculares y cardíacas, sus funciones están vinculadas con la modulación de la trasmisión sináptica, estimulación de secreción de la vasopresina, estimulación de la sed, vasoconstricción, estimulación de la secreción de aldosterona por la corteza suprarrenal y acción mitogénica, modula la excreción renal de Na+ y la contracción y relajación miocárdica y el tono vascular (Touyz & Schiffrin, 2000). Sin embargo los inhibidores sintéticos de la ECA, como el captopril, tienen multitud de efectos secundarios como hipotensión, altos niveles de potasio, reducida función renal, tos, angioedema, erupciones cutáneas y anormalidades fetales (Abbenante & Fairlie, 2005). Lo anterior ha incrementado el interés en el estudio de compuestos de origen natural que puedan generar en el organismo un efecto hipotensor, sin los inconvenientes efectos colaterales. Muchos péptidos derivados de proteínas alimentarias se caracterizan por tener potente efecto inhibidor *in vitro* de la ECA; este tipo de péptidos han sido aislados de hidrolizados de proteínas lácteas, del huevo, del plasma sanguíneo de ganado vacuno; recientemente se han obtenido de cereales y leguminosas (Matsui, Tamaya, Seki, Osajima, Matsumoto & Kawasaki, 2002). Los vegetales representan fuentes alternativas, de menor costo o incluso subutilizadas; las cuales pueden ser utilizadas para la obtención de hidrolizados y péptidos con actividad biológica (Vioque, Sánchez-Vioque, Clemente, Pedroche, Yust & Millán, 2000). Los péptidos inhibidores de ECA, son generalmente de pequeño tamaño y pueden ser absorbidos fácil y rápidamente en el intestino e inhibir a la enzima convertidora, lo que generaría una baja de la presión arterial; si bien tienen una actividad inhibidora *in vitro* menor que los fármacos inhibidores, hasta el momento no han mostrado ningún efecto secundario (Korhonen & Pihlanto, 2003). De esta manera, la actividad biológica que exhiben estos péptidos, potencian su uso como nutracéuticos para el desarrollo de alimentos de tipo funcional.

4. Modelos experimentales *in vitro* para evaluar la actividad biológica de péptidos

Los modelos *in vitro* son una simplificación de una realidad mucho mas compleja, el ser vivo, por eso en muchas ocasiones la información que son capaces de proporcionar es limitada y a menudo, no tienen una completa correlación con los resultados obtenidos *in vivo*. (Beas, Loarca, Guzmán, Rodríguez, Vasco & Guevara, 2011). Aun así, no cabe ninguna duda de que ofrecen ventajas intrínsecas muy destacables para evaluar características esenciales de compuestos de origen natural con actividad biológica, dada su simplicidad, disponibilidad, bajo costo, fácil control de las variables experimentales, necesidad de cantidades muy pequeñas del compuesto en estudio y la posibilidad de realizar estudios en etapas muy tempranas del desarrollo de un nuevo fármaco o agente terapéutico (Carrión-Recio, González-Delgado, Olivera-Ruano & Correa-Fernández, 1999). Esta tendencia ha propiciado de forma extraordinaria el desarrollo de modelos *in vitro* alternativos a la experimentación animal para estudios de actividad farmacológica y toxicológica de compuestos de origen natural, lo que permite de manera eficaz identificar posibles candidatos a fármacos (Gómez-Lechón, Donato, Castell & Jover, 2003). Los modelos *in vitro* proporcionan una información clara cuando de lo que se trata es de decidir cual entre una familia de compuestos es el menos tóxico en términos de concentración, o si un compuesto es más o menos tóxico que otro (Jover, Martínez-Jiménez, Gómez-Lechón & Castell, 2006). Es particularmente relevante identificar y desarrollar nuevos compuestos que puedan ser empleados para atender la creciente frecuencia de patologías metabólicas, enfermedades crónico-degenerativas, así como enfermedades infecciosas que se encuentran actualmente entre las principales causas de muerte (Yach, Leeder, Bell & Kistnasamy, 2005). De esta manera, es necesario establecer sistemas biológicos que permitan identificar y caracterizar respuestas celulares de una manera rápida y eficiente (Elimrani, Lahjouji, Seidman, Roy, Mitchell & Qureshi, 2003). El empleo de sistemas modelos *in vitro*, que puedan simular los procesos *in vivo*, pueden tener un efecto beneficioso considerable en la exploración de la estabilidad y actividad de secuencias peptídicas (Walsh, Berbard, Murray, MacDonald, Pentzien, Wright et al., 2004). Destacan los modelos que evalúan los efectos antiproliferativos, los cuales permiten determinar el efecto de un compuesto sobre los factores humorales o celulares que actúan en la respuesta inmune (Macías-Villamizar, Coy-Barrera & Cuca-Suárez, 2011); efectos antioxidantes de compuestos biológicos activos utilizando cultivos celulares (Sánchez-Campillo, Pérez-Llamas, González-Silvera, Martínez-Tomás, Burgos, Wellner et al., 2010)); citotoxicidad de compuestos con potencial empleo en terapias anti cáncer (Villavicencio-Nieto, Pérez-Escandón & Mendoza-Pérez, 2008) y antimicrobianos aplicables a la industria farmacológica y alimentaria (Mine, Ma & Lauriau, 2004). Para estudiar la absorción de a nivel intestinal, se emplean modelos experimentales mediante el cultivo de enterocitos humanos (Figura 3).

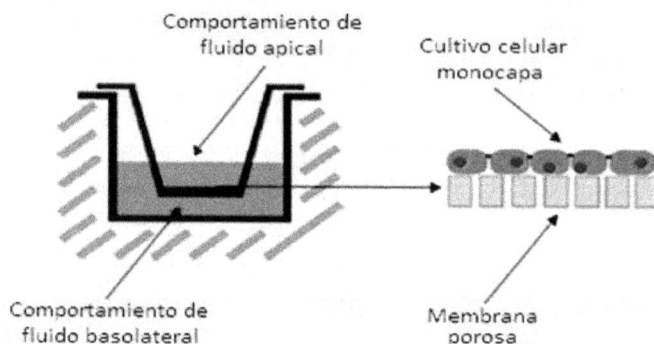

Figura 3.Esquema de un ensayo celular monocapa

Los ensayos celulares monocapa consisten en un delgado cultivo celular colocado sobre un soporte poroso que separa dos compartimentos con fluido este tipo de ensayos biológicos constituyen una sofisticada herramienta para efectuar estudios *in vitro* para esclarecer modelos que expliquen los mecanismos de barreras farmacocinéticas como la del epitelio intestinal (Vermeirssen, Deplancke, Tappenden, Van Camp, Gaskins & Verstraete, 2002). La monocapa de células Caco-2 se siembra en la membrana semipermeable. El compartimento con las células se denomina zona apical y el compartimento exterior zona basolateral (Elimrani et al., 2003). Las metodologías *in vitro* podrían proporcionar resultados a escala de laboratorio, y emplearse como alternativas a la experimentación en humanos o animales en el proceso del estudio la actividad biológica, incorporación a alimentos y estabilidad en el organismo de las secuencias peptídicas.

5. Péptidos antimicrobianos

La demanda de alimentos procesados se ha incrementado con el crecimiento de la población de manera considerable, esto a su vez, implica un cambio en el estilo de vida. A pesar de las diferentes técnicas de conservación disponibles, la alteración de alimentos por parte de los microorganismos, es un problema no controlado del todo (Beuchat, 2001). En este sentido, los agentes antimicrobianos han tenido gran relevancia desde hace más de 50 años en la industria alimentaria, donde han sido utilizados como aditivos tanto en alimentos procesados como en empaques, para evitar la generación de infecciones o intoxicaciones (Rodríguez y Schobitz, 2009). Sin embargo, el uso irracional de estos compuestos ha generado una crisis de salud pública debido a la aparición de cepas resistentes a algunos antibióticos y antimicrobianos considerados como de mayor efectividad (Gutiérrez y Orduz, 2003). Además, a pesar de que el uso de agentes químicos es uno de los métodos de conservación más antiguos y tradicionales que existen, sin embargo no cumplen con el concepto de natural o seguro que los consumidores demandan. La sociedad actual, demande también, productos con menos aditivos químicos ya que, algunos de éstos son sospechosos de poseer cierto grado de toxicidad (Davidson & Zivanovic, 2003). Es así, como los productores de alimentos han sido forzados a tratar de remover completamente el uso de antimicrobianos químicos o adoptar alternativas naturales para el mantenimiento o la extensión de la vida útil de los productos (Beuchat, 2001). Esta situación ha generado gran interés en el estudio y desarrollo de nuevos agentes antimicrobianos no tóxicos y que no generen mecanismos de resistencia en los microorganismos (Davidson & Zivanovic, 2003). En este sentido, los péptidos con actividad biológica tienen la capacidad de ejercer efectos específicos a nivel fisiológico en el organismo, como por ejemplo aquellos que presentan actividad antimicrobiana. Estas secuencias aminoacídicas son moléculas efectoras claves en la inmunidad innata, con tamaños que oscilan entre 2 hasta 200 aminoácidos (Rivas, Sada, Hernández & Tsutsumi, 2006). Diversos estudios han reportado que mediante la hidrólisis controlada *in vitro* de proteínas alimentarias es posible generar este tipo de péptidos. Se han aislado péptidos antimicrobianos principalmente a partir de hidrolizados enzimáticos limitados, de proteínas de origen animal como la leche, el huevo y algunas especies marinas de peces. Recientemente se han aislado de hidrolizados limitados, con grados de hidrólisis menor al 10%, de proteínas de origen vegetal como la soya y el maíz (Dubin, Mak, Dubin, Rzychon, Stec, Wladyka et al., 2005). Los péptidos con actividad antimicrobiana inhiben el crecimiento bacteriano y fúngico tanto *in vitro* como *in vivo*. Actúan frente a diferentes bacterias Gram-positivas y Gram-negativas (Escherichia, Helicobacter, Listeria, Salmonella y Staphyloccocus), levaduras y hongos filamentosos. (Kitts & Weiler, 2003). El amplio uso de estos compuestos se debe a que poseen toxicidad selectiva que permite atacar de manera específica las células blanco mediante mecanismos que, al parecer, dificultan la aparición de fenómenos de resistencia (Téllez & Castaño, 2010). El mecanismo de acción de los PAM contra los microorganismos se divide en tres etapas como se observa en la figura 4 (Kamysz, Okrój & Lukasiak, 2003).

Etapa 1

Atracción por la célula bacteriana. El mecanismo más directo es la unión electrostática de péptidos catiónicos a componentes de la superficie bacteriana que presentan una carga negativa neta, por ejemplo fosfolípidos aniónicos y grupos fosfato de lipopolisacáridos (LPS), en bacterias Gram negativo y ácidos teióicos en bacterias Gram positivo (Téllez & Castaño, 2010).

Etapa 2

Unión a la membrana celular. Los péptidos que se encuentran en estrecho contacto con la célula bacteriana, deben atravesar el polisacárido capsular, para poder interactuar con la membrana celular externa. Una vez que los péptidos han conectado con la membrana plasmática, pueden interactuar con la bicapa lipídica (Téllez & Castaño, 2010).

Etapa 3

Inserción del péptido y permeabilización de la membrana celular. Algunos de estos péptidos ya son empleados como aditivos con actividad antimicrobiana en sistemas alimentarios, como la nisina producida por algunas cepas de *Lactococcus lactis*, la cual es generalmente reconocida como segura (GRAS, por sus siglas en inglés) (Thomas, Clarkson & Delves-Broughton, 2000). Uno de los inconvenientes que tiene el uso de nisina como aditivo es su elevado costo, por lo que la utilización de hidrolizados proteínicos provenientes de fuentes no convencionales o subutilizadas puede ser una alternativa para la obtención de este tipo de péptidos a un menor costo, potenciando su aplicación como aditivos antimicrobianos en sistemas alimentarios.

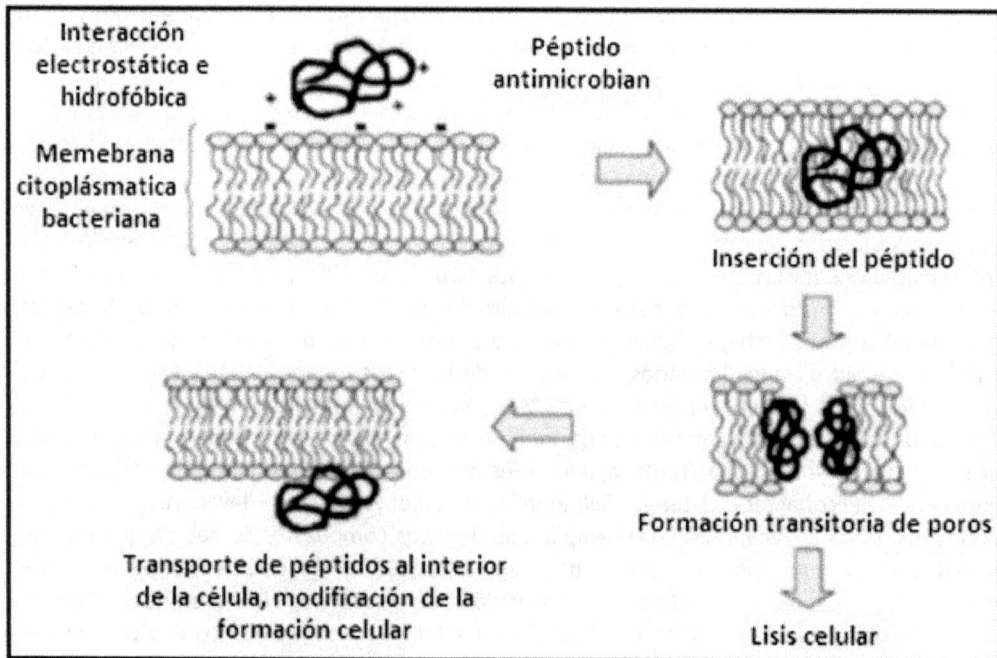

Figura 4.Etapas del mecanismo de acción de los péptidos antimicrobianos

6. Péptidos antioxidantes

Las especies reactivas de oxígeno (ROS), se generan constantemente en los organismos aeróbicos como resultado de las reacciones metabólicas (Vertuani, Angusti & Manfredini, 2004). Una excesiva producción de ROS puede sobrepasar la capacidad antioxidante fisiológica. Como consecuencia de este daño oxidativo, las proteínas, los lípidos y el ADN se convierten en el blanco del ataque de los radicales libres, dañando las enzimas, las membranas celulares y el material genético (Figura 5).

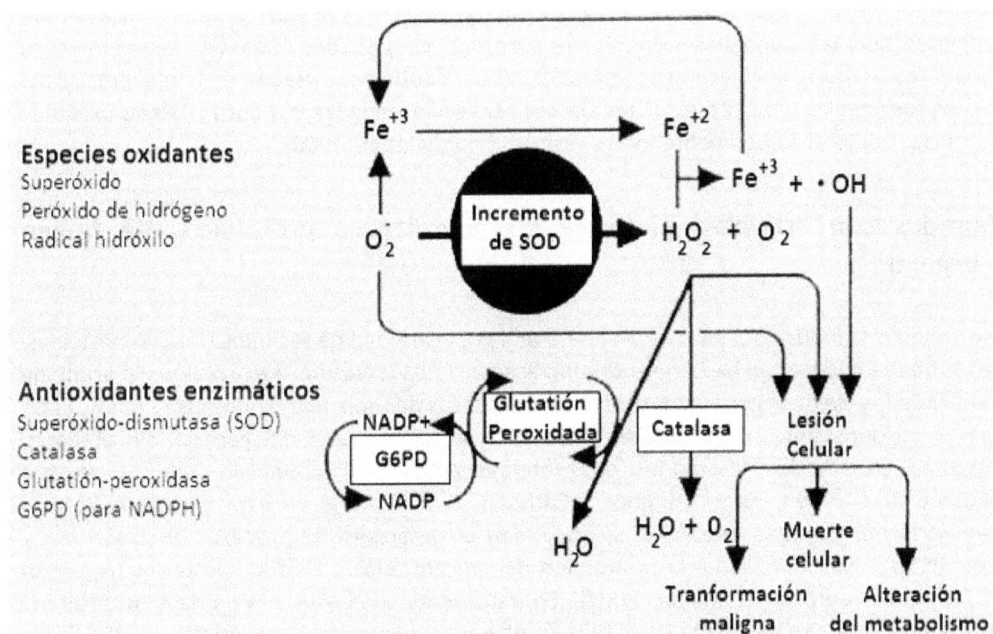

Especies oxidantes
Superóxido
Peróxido de hidrógeno
Radical hidróxilo

$Fe^{+3} \longrightarrow Fe^{+2}$

$Fe^{+3} + \cdot OH$

O_2^- Incremento de SOD $H_2O_2 + O_2$

Antioxidantes enzimáticos
Superóxido-dismutasa (SOD)
Catalasa
Glutatión-peroxidasa
G6PD (para NADPH)

NADP+   Glutatión Peroxidada   Catalasa   Lesión Celular

G6PD

NADP

H_2O $H_2O + O_2$ Muerte celular

Tranformación maligna   Alteración del metabolismo

Figura 5.Especies oxidantes y antioxidantes enzimáticos

Este daño ha sido relacionado con el desarrollo de diversas enfermedades, como algunos tipos de cáncer, enfermedades cardiovasculares, artritis reumatoide, y con el proceso de envejecimiento (Chirino, Orozco-Ibarra & Pedraza-Chaverrí, 2006). Análogamente a otros sistemas biológicos, el daño oxidativo también tiene una gran importancia en los alimentos. Una consecuencia habitual es la peroxidación lipídica que produce rancidez, aparición de sabores inaceptables para el consumidor y disminución de la vida comercial del producto (Liu, Chen & Lin, 2005). Para evitar estos efectos negativos, en la industria alimentaria se emplean antioxidantes sintéticos, entre los que se encuentran el 2,6-bis(1,1-dimetiletil)-4-metilfenol (BHT) y el 2-tert-butil-4-hidroxianisol (BHA) pero debido a que recientemente se ha descrito la posible toxicidad de estos compuestos sobre el organismo humano, se está potenciando la búsqueda de antioxidantes de fuentes naturales provenientes de los alimentos. Entre estos hay que destacar compuestos fenólicos, como el tocoferol, carotenoides, catequinas y polifenoles (Espín et al., 2007). Sin embargo, estos antioxidantes naturales presentan algunas desventajas; como su más baja capacidad antioxidante y la mayoría de ellos (carotenoides, compuestos fenólicos, vitamina E) son insolubles en sistema acuosos. Se han descrito péptidos antioxidantes que tienen la capacidad tanto de secuestrar radicales libres como de formar complejos con los iones metálicos que catalizan las reacciones de los radicales libres (Hernández-Ledesma, Dávalos, Bartolomé & Amigo, 2005). Estos péptidos actúan impidiendo que otras moléculas se unan a especies reactivas del oxígeno, al interactuar más rápido con los radicales libres que estos con el resto de las moléculas presentes, es decir, el péptido actúa cediéndole un electrón al radical libre una vez que se colisionan en un determinado microambiente de la membrana plasmática, citosol, núcleo o líquido extracelular, (Venéreo, 2002). Este tipo de péptidos se han obtenido de hidrolizados proteínicos de pescado, caseína, proteínas lácteas y albúmina de huevo, entre otros y están constituidos usualmente de 3 a 16 residuos aminoacídicos (Hernández-Ledesma et al., 2005). Las proteínas de origen vegetal, como el garbanzo, la soya, el girasol, y otras especies de leguminosas también pueden ser fuente de este tipo de péptidos. Una vez demostrada su actividad, resistencia a la digestión y absorción *in vivo* podrían ser usados en la elaboración de alimentos funcionales para la prevención de distintas enfermedades y reducir el daño oxidativo de productos alimenticios, aumentando su vida útil (Vioque et al., 2000).

7. Péptidos con actividad biológica en hidrolizados proteínicos de origen vegetal

A nivel mundial la industria alimentaria genera una gran cantidad de residuos ricos en proteínas, entre los que se encuentran las harinas desengrasadas procedentes de la extracción del aceite de las semillas o los residuos generados durante los procesos de molienda de diversos granos. Estas harinas o residuos son usadas generalmente para la alimentación del ganado, sin embargo representan uno de los reservorios de proteínas con mayor potencial para la industria alimentaria (Fredrikson, Biot, Alminger, Carlsson & Sandberg, 2001). El interés en el aprovechamiento de estas proteínas ha impulsado el desarrollo de procesos de obtención y mejora de las mismas mediante la producción de concentrados y aislados proteicos (Figura 6) (Lqari, Vioque, Pedroche & Millán, 2002). En este sentido, el gluten es una glucoproteína ergástica amorfa que se encuentra en el trigo combinado con almidón. Representa un 80% de las proteínas del trigo y está compuesto por gliadina y glutenina, constituye la mayor parte de las proteínas de almace¬namiento. Es un sub-producto del proceso de extracción del almidón, y está disponible en grandes cantidades y relativamente a bajo costo (Shewry & Halford, 2002). En los últimos años, el estudio de las proteínas de los alimentos como componentes beneficiosos, no sólo desde un punto de vista funcional o nutricional, está recibiendo una gran atención. En este sentido, se viene investigando la presencia de diferentes péptidos con actividad biológica en proteínas de diversos tipos de alimentos (Meisel, 2001). Entre las estrategias empleadas para obtener péptidos con actividad biológica destacan la hidrólisis utilizando enzimas comerciales, los procesos de fermentación, la digestión gastrointestinal *in vivo* y la síntesis química basada en la secuencia de péptidos cuya actividad ya ha sido estudiada (Meisel, 2001). Los péptidos presentan una amplia gama de actividades biológicas, relacionadas con su secuencia aminoacídica, características estructurales, propiedades de hidrofobicidad o carga y la capacidad de enlazar microelementos (Iwaniak & Minkiewicz, 2007). Su presencia en hidrolizados proteicos de origen vegetal incrementaría el valor añadido de estos hidrolizados, ya que una vez demostrada su actividad, resistencia a la digestión y absorción *in vivo*, podrían usarse como ingredientes para la elaboración de alimentos funcionales o pueden incluirse en matrices no alimentarias y ejercer ciertos efectos beneficiosos para la salud (Escudero et al., 2012). Existe un consenso sobre el hecho de que debe probarse mediante estudios en humanos el efecto beneficioso que tienen para la salud el consumo de péptidos bioactivos y que en la valoración de éstos debe también tenerse en cuenta los posibles efectos adversos que podrían ejercer los propios péptidos o sus subproductos, que podrían estar contenidos inevitablemente en tales alimentos (Hartmann, Wal, Bernard & Pentzien, 2007). Estos requerimientos de seguridad incluirían la ausencia de toxicidad, citotoxicidad y alergenicidad.

Referencias

Abbenante, G., & Fairlie, D.P. (2005). Protease inhibitors in the clinic. *Journal of Medicinal Chemistry, 1,* 71-104. http://dx.doi.org/10.2174/1573406053402569

Aimutis, W.R. (2004). Bioactive properties of milk proteins with particular focus on anticariogenesis. *Journal of Nutrition, 134,* 989-995.

Ayad, M., van Wuyckhuyse, B.C., Minaguchi, K., Raubertas, R.F., Bedi, G.S., Billings, R.J. et al. (2000). The association of basic proline-rich peptides from human parotid gland secretions with caries experience. *Journal of Dental Research, 79(4),* 976-982. http://dx.doi.org/10.1177/00220345000790041401

Bañas, M.H. (2001). Nuevas perspectivas en el tratamiento antitrombótico. *Sistema Nacional de Salud, 25(4),* 93-104.

Baró, L., Jiménez, J., Martínez-Férez, A., & Bouza, J.J. (2001). Bioactive milk peptides and proteins. *Ars Pharmaceutica, 42(3-4),* 135-145.

Beas, F.R., Loarca, P.G., Guzmán, M., Rodríguez, M.G., Vasco, M.L., & Guevara, L.F. (2011). Nutraceutic potential of bioactive components present in huitlacoche from the central zone of Mexico. *Revista Mexicana de Ciencias Farmacéuticas, 42(2),* 36-44.

Beuchat, L.R. (2001). Control of foodborne pathogens and spoilage microorganisms by naturally occurring antimicrobials. En Wilson C.L. and Droby, S. (Eds.). *Microbial Food Contamination.* London, UK:CRC Press. 149-169.

Canseco, J. (2001). Caries dental. La enfermedad oculta. *Boletín Médico del Hospital Infantil de México, 58,* 143-152.

Carrión-Recio, D., González-Delgado, C.A., Olivera-Ruano, L., & Correa-Fernández, A. (1999). Introducción a la correlación *in vivo-in vitro*. Parte II. *Revista Cubana de Farmacia, 33(3),* 201-207.

Chirino, Y.I., Orozco-Ibarra, M., & Pedraza-Chaverrí, J. (2006). Evidencias de la participación del peroxinitrito en diversas enfermedades. *Revista de Investigación Clínica, 58(4),* 350-358.

Davidson, P.M., & Zivanovic, S. (2003). The use of natural antimicrobials. En Zeuthen, P. y Bogh-Sorensen, L. (Eds.). *Food Preservation Techniques*. Washington. pp: 5-29.

Dubin, A., Mak, P., Dubin, G., Rzychon, M., Stec, J., Wladyka, B. Et al. (2005). New generation of peptide antibiotics. *Acta Biochimica Polonica, 52(3),* 633-638.

Dunstan, D.W., Zimmet, P.Z., Welborn, T.A., De Courten, M.P., Cameron, A.J., & Sicree, R.A. (2002). The rising prevalence of diabetes and impaired glucose tolerance. The Australian Diabetes, Obesity and Lifestyle Study. *Diabetes Care, 25,* 829-834. http://dx.doi.org/10.2337/diacare.25.5.829

Elimrani, I., Lahjouji, K., Seidman, E., Roy, M.J., Mitchell, G.A., & Qureshi, I. (2003). Expression and localization of organic cation/carnitine transporter OCTN2 in Caco-2 cells. *American Journal of Physiology, 284(5),* G863-G871.

Escudero, E., Aristoya, M.C., Nishimurab, H., Ariharab, K., & Toldrá, F. (2012). Antihypertensive effect and antioxidant activity of peptide fractions extracted from Spanish dry-cured ham. *Meat Science, 91(3),* 306-311. http://dx.doi.org/10.1016/j.meatsci.2012.02.008

Espín, J.C., García-Conesa, M.T., & Tomás-Barberán, F.A. (2007). Nutraceuticals: Facts and fiction. *Phytochemistry, 68,* 2986-3008. http://dx.doi.org/10.1016/j.phytochem.2007.09.014

Fredrikson, M., Biot, P., Alminger, M.L., Carlsson, N.G., & Sandberg, A.S. (2001). Production process for high-quality pea-protein isolate with low content of oligosaccharides and phytate. *Journal of Agricultural and Food Chemistry, 49,* 1208-1212. http://dx.doi.org/10.1021/jf000708x

Gómez-Lechón, M.J., Donato, M.T., Castell, J.V., & Jover, R. (2003). Human hepatocytes as a tool for studying toxicity and drug metabolism. *Current Drug Metabolism, 4,* 292-312. http://dx.doi.org/10.2174/1389200033489424

Gutiérrez, P., & Orduz, S. (2003). Péptidos antimicrobianos: estructura, función y aplicaciones. *Revista Actualidades Biológicas, 25(78),* 5-15.

Hartmann, R., & Meisel, H. (2007). Food-derived peptides with biological activity: from research to food applications. *Current Opinion in Biotechnology, 18,* 163-169. http://dx.doi.org/10.1016/j.copbio.2007.01.013

Hartmann, R., Wal, J.M., Bernard, H., & Pentzien, A.K. (2007). Cytotoxic and allergenic potential of bioactive proteins and peptides. *Current Pharmaceutical Design, 13,* 897-920. http://dx.doi.org/10.2174/138161207780414232

Hernández-Ledesma, B., Dávalos, A., Bartolomé, B., & Amigo, L. (2005). Preparation of antioxidant enzymatic hydrolysates from r-lactalbumin and a-lactoglobulin. Identification of active peptides by HPLC–MS/MS. *Journal of Agricultural and Food Chemistry, 53,* 588-593. http://dx.doi.org/10.1021/jf048626m

Hirsch, J. (2003). Current anticoagulant therapy unmet clinical needs. *Thrombosis Research, 109,* 1-8. http://dx.doi.org/10.1016/S0049-3848(03)00250-0

Isomaa, B., Almgren, P., Tuomi, T., Forsen, B., Lahti, K., & Nissen, M. (2001). Cardiovascular morbidity and mortality associated with the metabolic syndrome. *Diabetes Care, 24(4),* 683-689. http://dx.doi.org/10.2337/diacare.24.4.683

Iwaniak, A., & Minkiewicz, P. (2007). Proteins as the source of physiologically and functionally active peptides. *Acta Scientiarum. Polonorum Technologia Alimentaria, 6(3),* 5-15.

Jover, R., Martínez-Jiménez, C.P., Gomez-Lechon, M.J., & Castell, J.V. (2006). Hepatocyte cell lines: their use, scope and limitations in drug metabolism studies. *Expert Opinion on Drug Metabolism and Toxicology, 2,* 183-212. http://dx.doi.org/10.1517/17425255.2.2.183

Kitts, D.D., & Weiler, K. (2003). Bioactive proteins and peptides from food sources. Applications of bioprocesses used in isolation and recovery. *Current Pharmaceutical Design, 9,* 1309-1323. http://dx.doi.org/10.2174/1381612033454883

Korhonen, H., & Pihlanto, A. (2006). Bioactive peptides: production and functionality. *International Dairy Journal, 16,* 945-960. http://dx.doi.org/10.1016/j.idairyj.2005.10.012

Latham, P.W. (1999). Therapeutic peptides revisited. *Nature Biotechnology, 17,* 755-758. http://dx.doi.org/10.1038/11686

Liu, J.R., Chen, M.J., & Lin, C.W. (2005). Antimutagenic and antioxidant properties of milk-kefir and soymilk-kefir. *Journal of Agricultural and Food Chemistry, 53,* 2467-2474. http://dx.doi.org/10.1021/jf048934k

López-Correa, S.M., & Carranza-Madrigal, J. (2011). Hipertensión metabólica: una realidad en México. *Medicina Interna de México, 27(4),* 378-384.

Lqari, H., Vioque, J., Pedroche, J., & Millán, M. (2002). Lupinus angustifolius protein isolates: chemical composition, functional properties and protein characterization. *Food Chemistry, 76,* 349-356. http://dx.doi.org/10.1016/S0308-8146(01)00285-0

Kamysz, W., Okrój, M., Lukasiak, J. (2003). Novel properties of antimicrobial peptides. *Acta Biochimica Polonica, 50,* 461-469.

Macías-Villamizar, V.E., Coy-Barrera, E.D., & Cuca-Suárez, L.E. (2011). Análisis fitoquímico preliminar y actividad antioxidante, antinflamatoria y antiproliferativa del extracto etanólico de corteza de *Zanthoxylum fagara* (L.) Sarg. (Rutaceae). *Revista Cubana de Plantas Medicinales, 16(1),* 43-53.

Manninen, A. (2004). Protein hydrolysates in sports and exercise: A brief review. *Journal of Sports Science and Medicine, 3,* 60-63.

Matsui, T., Tamaya, K., Seki, E., Osajima, K., Matsumoto, K., & Kawasaki, T. (2002). Absorption of Val-Tyr with *in vitro* angiotensin-I converting enzyme inhibitory activity into the circulating blood system of mild hypertensive subjects. *Biological Pharmaceutical Bulletin, 25,* 1228-1230. http://dx.doi.org/10.1248/bpb.25.1228

Medina, C., Maupomé, G., Ávila, L., Pérez, R., Pelcastre, B., & Pontigo, A. (2006). Políticas de salud bucal en México: Disminuir las principales enfermedades. Una descripción. *Revista biomédica, 17,* 269-286.

Meisel, H. (2001). Bioactive peptides derived from milk proteins: a perspective for consumers and producers. *Australian Journal of Dairy Technology, 56,* 83-91.

Mine, Y., Ma, F., & Lauriau, S. (2004). Antimicrobial peptides released by enzymatic hydrolysis of hen egg white lysozyme. *Journal of Agriculture and Food Chemistry, 52(5),* 1088-1094. http://dx.doi.org/10.1021/jf0345752

Möller, N.P., Scholz-Ahrens, K.E., Roos, N., & Schrezenmeir, J. (2008). Bioactive peptides and proteins from foods: indication for health effects. *European Journal of Nutrition, 47,* 171-182. http://dx.doi.org/10.1007/s00394-008-0710-2

Montero-Granados, C., & Monge-Jiménez, T. (2010). Patología de la trombosis. *Revista Médica de Costa Rica y Centroamérica, 68(591),* 73-75.

NAAIS. Núcleo de Acopio y Análisis de Información en Salud (2005). *Distribución geográfica y la salud de los mexicanos 2000 y 2005.*

Reynolds, E.C. (1999). Anticariogenic casein phosphopeptides. *Protein and Peptides Letters, 6,* 295-303.

Rivas, B., Sada, E., Hernández, R., & Tsutsumi, V. (2006). Péptidos antimicrobianos en la inmunidad innata de las enfermedades infecciosas. *Salud Pública de México, 48,* 62-71.

Rodríguez, D., & Schobitz, R.R. (2009). Película antimicrobiana a base de proteína de suero lácteo, incorporada con bacterias lácticas como controlador de listeria monocytogenes, aplicada sobre salmón ahumado. *Biotecnología en el Sector Agropecuario y Agroindustrial, 7(2),* 49-54.

Sánchez-Campillo, M., Pérez-Llamas, F., González-Silvera, D., Martínez-Tomás, R., Burgos, M.I., Wellner, A., Avilés, F., Parra, S., Bialek, L., Alminger, M., & Larqué, E. (2010). Cell Based Assay to Quantify the Antioxidant Effect of Food Derived Carotenoids Enriched in Postprandial Human Chylomicrons. *Journal of Agricultural and Food Chemistry, 58,* 10864-10868. http://dx.doi.org/10.1021/jf102627g

Shewry, P.R., & Halford, N.G. (2002). Cereal seed storage proteins: Structures, pro-perties and role in grain utilization. *Journal of Experimental Botany, 53,* 947-958. http://dx.doi.org/10.1093/jexbot/53.370.947

Skow, D., Smith, E., & Shaughnessy, P. (2003). Combination therapy ACE inhibitors and angiotensin-receptor blockers and hearth failure. *American Family Physician, 68(9),* 1795-1798.

Téllez, G., & Castaño, J. (2010). Péptidos antimicrobianos. Review. *Infection, 14(1),* 55-67.

Thomas, L., Clarkson, M., & Delves-Broughton, J. (2000). Nisin. En Naidu, A. (Ed). *Natural Food Antimicrobial System.* USA: CRC Press. 463-524.

Touyz, R.M. (2004). Reactive oxygen species, vascular oxidative stress and redox signaling in hypertension: what is the clinical significance? *Hypertension, 44,* 248-252. http://dx.doi.org/10.1161/01.HYP.0000138070.47616.9d

Venéreo, J.R. (2002). Daño oxidativo, radicales libres y antioxidantes. *Revista Cubana Medica Militar, 31(2),* 126-133.

Vermeirssen, V., Deplancke, B., Tappenden, K.A., Van Camp, J., Gaskins, H.R., & Verstraete, W. (2002). Intestinal transport of the lactokinin Ala-Leu-Pro-Met-His-Ile-Arg through a Caco-2 Bbe monolayer. *Journal of Peptide Science, 8,* 95-100. http://dx.doi.org/10.1002/psc.371

Vermeirssen, V., Van Camp, J., & Verstraete, W. (2004). Bioavailability of Angiotensin I converting enzyme inhibitory peptides. *British Journal of Nutrition, 92,* 357-366. http://dx.doi.org/10.1079/BJN20041189

Vertuani, S., Angusti, A., & Manfredini, S. (2004). The antioxidants and pro-antioxidants network: an overview. *Current Pharmaceutical Design, 10,* 1677-1694. http://dx.doi.org/10.2174/1381612043384655

Villavicencio-Nieto, M.A., Pérez-Escandón, B.E., & Mendoza-Pérez, E. (2008). Citotoxicidad en células Hela de extractos de tres especies de plantas medicinales de Hidalgo, México. *Polibotánica, 26,* 137-147.

Vioque, J., Sánchez-Vioque, R., Clemente, A., Pedroche, J., Yust, M.M., & Millán, F. (2000). Péptidos bioactivos en proteínas de reserva. *Grasas y Aceites, 51,* 361-365.

Walsh, D.J., Berbard, H., Murray, B.A., MacDonald, J., Pentzien, A.K., Wright, G.A., Wal, J.M., Struthers, A.D., Meisel, H., & FitzGerald, R.J. (2004). *In Vitro* generation and stability of the lactokinin β-lactoglobulin fragment (142-148). *Journal of Dairy Science, 87,* 3845-3857. http://dx.doi.org/10.3168/jds.S0022-0302(04)73524-9

WHO. World Health Organization (1999). International Society of Hypertension Guidelines for the Management of Hypertension. Guidelines Subcommittee. *Journal of Hypertension; 17,* 151-183.

Yach, D., Leeder, S.R., Bell, J., & Kistnasamy, B. (2005). *Global Chronic Diseases. Science, 21,* 317-322. http://dx.doi.org/10.1126/science.307.5708.317

Capítulo 2

Modelos *in vitro* para la evaluación y caracterización de péptidos bioactivos

Juan José Acevedo Fernández[1], José Santos Angeles Chimal[1,2*], Heriberto Manuel Rivera[1], Vera Lucía Petricevich López[1], Ninfa Yaret Nolasco Quintana[2], Dianelly Yazmín Collí Magaña[2], Jesús Santa-Olalla Tapia[1,2*]

[1] Cuerpo Académico: Fisiología y Fisiopatología. Facultad de Medicina Universidad Autónoma del Estado de Morelos. Calle Leñeros esquina Iztaccíhuatl s/n. Col. Volcanes – Cuernavaca, Morelos, México C.P. 62350 Tel.: (777) 3297948 Ext. 3493

[2] Unidad de Diagnóstico y Medicina Molecular "Dr. Ruy Pérez Tamayo", Facultad de Medicina/Hospital del Niño Morelense, Calle Gustavo Góme Azcarate #205, Col. Lomas de la Selva, C.P. 62270 Tel.: (777) 1020583.

jsa@uaem.mx

Doi: http://dx.doi.org/10.3926/oms.38

Referenciar este capítulo

Acevedo Fernández, J.J., Angeles Chimal, J.S., Rivera, H.M., Petricevich López, V.L., Nolasco Quintana, N.Y., Collí Magaña, D.Y. & Santa-Olalla Tapia, J. (2013). Modelos *in vitro* para la evaluación y caracterización de péptidos bioactivos. En M. Segura Campos, L. Chel Guerrero & D. Betancur Ancona (Eds.), Bioactividad de péptidos derivados de proteínas alimentarias (pp. 29-82). Barcelona: OmniaScience.

1. Introducción

En las últimas décadas la necesidad de desarrollar nuevos compuestos que permitan atender la alta demanda de patologías crónicas, y por otra parte disminuir los efectos adversos que se generan por los medicamentos empleados rutinariamente, han motivado la búsqueda de fuentes alternas para nuevos compuestos. La diversidad de proteínas con actividades en los diferentes procesos celulares, han propuesto la posibilidad de influir sobre las respuestas celulares al emplear péptidos que alteren las propiedades de proteínas estructurales, enzimas, receptores, canales y transportadores que participan en respuestas celulares como proliferación, citotoxicidad, regulación de estrés oxidativo y efectos antimicrobianos, entre otros. El impulso que ha tenido la industria farmacéutica para el desarrollo de compuestos biotecnológicos, permite predecir una nueva época en donde el empleo de compuestos proteicos presenta un mejor efecto con una mayor especificidad. Sin embargo, los problemas que se tienen para la producción de proteínas y las dificultades para su biodisponibilidad o para mantener concentraciones terapéuticas en el sitio de acción limitan su aplicación. De manera interesante se ha iniciado el empleo de péptidos que muestran efectos biológicos relevantes como antihipertensivos, hipoglucemiantes, antiproliferativos, citotóxicos, antioxidantes y antibióticos. De esta manera, establecer modelos biológicos que permitan aislar, caracterizar y determinar mecanismos de acción, tanto *in vivo* como *in vitro*, son útiles para la validación y establecimiento de nuevos compuestos que permitan atender patologías como: diabetes, hipertensión, obesidad, síndrome metabólico y cáncer.

La identificación de compuestos orgánicos ha permitido la incorporación en la medicina de substancias que se derivan de plantas, ante la necesidad de proveer fuentes alternas de administración de moléculas complejas con actividades que prevengan el desarrollo de enfermedades o sus complicaciones. Por otra parte, la posibilidad de establecer alimentos funcionales adicionados con péptidos bioactivos se hace muy atractiva, sobre todo si se toma en consideración que muchos de los compuestos sintetizados actualmente se han desarrollado de actividades inicialmente descritas de compuestos orgánicos identificados y caracterizados de origen vegetal. Finalmente, los tiempos prolongados que se deben de tener para controlar enfermedades como diabetes, hipertensión arterial, dislipidemias, obesidad y algunas enfermedades cardiovasculares, permitirá el uso de los alimentos funcionales como una alternativa para nuestro país. La caracterización *in vitro* de actividades antiproliferativas, citotóxicas, antioxidantes y antimicrobianas puede realizarse con diferentes modelos experimentales que incluyen el cultivo celular, inmunodetección de marcadores, citometría de flujo, evaluación de especies reactivas, y ensayos de citotoxicidad sobre células eucariotas o procariotas.

1.1. Respuestas celulares básicas

Los diferentes tejidos que constituyen a los organismos multicelulares se encuentran en un proceso de continua adaptación a los diferentes estímulos que reciben. La señalización que perciben y su integración favorecen respuestas celulares básicas, destacan entre ellas la proliferación celular, la diferenciación y la muerte celular (Figura 1). El descontrol de dichas respuestas se relaciona a su vez con el desarrollo de enfermedades como el cáncer, enfermedades crónicas degenerativas o inflamatorias, en las cuales las Especies Reactivas de

Oxígeno (EROs) forman parte de los mecanismos que participan en su origen o desencadenan efectos adversos secundarios (Parker, 2009; Posner, 2010). El conocimiento de las moléculas participantes en estos procesos ha sido amplio, lo que permite proponer diversos blancos terapéuticos, particularmente sobre proteínas que tienen relevancia en los procesos anteriormente mencionados (Altman, 2006).

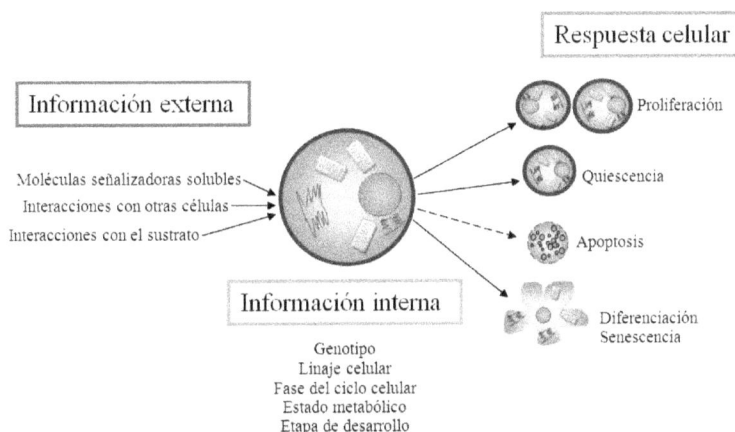

Figura 1. Respuestas celulares. Cada células de nuestros tejidos recibe una diversidad de estímulos extra-celulares (factores solubles, interacciones celulares, información del sustrato extra-celular), esta información se traduce por moléculas receptoras que de acuerdo a la información intracelular generada se integra una respuesta adecuada a las necesidades celulares. Estas respuestas básicas pueden ser proliferación, mantenerse en estado de reposo (quiescencia), muerte celular o diferenciación. Cada una de estas respuestas es factible que pueda ser modulada por fármacos (Altman, 2006)

En lo que respecta a las moléculas que regulan la proliferación se incluyen enzimas que participan en la síntesis de los nucleótidos, las actividades relacionadas con la síntesis de Ácido Desoxirribonucleico (ADN), las moléculas reguladoras de los puntos de control en la progresión del ciclo celular y el proceso de división celular relacionado con el funcionamiento del uso mitótico. Los efectos citotóxicos se relacionan con daño a procesos vitales que desencadenan la activación de vías que llevan a la muerte celular (apoptosis, necrosis, autofagia, piroptosis) (Fink & Cookson, 2005). Durante este proceso participan proteasas, cinasas y fosfatasas que regulan los diferentes pasos de estas vías. En lo que respecta a los eventos antioxidantes se relacionan con la capacidad de evitar los daños generados por las EROs (ión superóxido, peróxido e hidroxilo), o por regulación de las actividades que controlan su concentración (Superóxido dismutasa, peroxidasa, catalasa). Las actividades farmacológicas descritas principalmente como agentes antiproliferativos están relacionadas principalmente para inhibir la síntesis de nucleótidos, del ADN, evitar la división celular, e inhibir a las topoisomerasas. Lo cual permite identificar dos procesos en donde se impacta que es la replicación del ADN y la división celular. Estos dos eventos pueden ser fácilmente identificables por citometría de flujo o por la determinación de la viabilidad celular. La evaluación *in vitro* del estrés oxidativo se lleva a cabo por la detección de las EROs a través de métodos colorimétricos o fluorimétricos. Por otra parte, la determinación del efecto citotóxico se relaciona con la capacidad de determinar la viabilidad por conteo colorimétrico o fluorimétrico. Finalmente, para la evaluación de los procesos de diferenciación es necesario contar con condiciones que permitan el crecimiento *in vitro* de células precursoras y determinar el impacto positivo o negativo sobre la diferenciación terminal de un fenotipo particular. Cuando interesa tener conocimiento de los mecanismos que participan en los procesos es posible la detección de biomarcadores de las condiciones analizadas, empleando para ello la inmunocitoquímica o la Reacción en Cadena de la Polimerasa (PCR). La relevancia de establecer la caracterización de péptidos bioactivos obtiene soporte al proponerlos como reguladores de enzimas relevantes en los diferentes procesos mencionados, destacan: proteasas, cinasas, fosfatasas (efecto citotóxico); polimerasas, topoisomerasas, ensamblaje del uso mitótico (acciones antiproliferativas); y oxidasas, reductasas (actividades antioxidantes). De esta manera existe un alto potencial para identificar nuevas actividades relevantes para revertir patologías o sus complicaciones, como: cáncer, inflamación, diabetes, hipertensión. Así, el aislamiento, identificación, caracterización de nuevas sustancias bioactivas requiere la formación de grupos multidisciplinarios que aborden de manera integral el desarrollo de nuevos fármacos, lo que permitirá establecer los mecanismos de acción de los compuestos bioactivos, fortaleciendo así su mejor aplicación para la solución de la problemática en salud de nuestros tiempos.

1.2. Ensayos biológicos para identificar y caracterizar péptidos bioactivos

Existen diferentes modelos biológicos que se pueden emplear como bioensayos. De manera general podemos identificar los modelos *in vivo* e *in vitro*.

Pruebas *in vivo:* Durante muchos años se han usado especies animales como modelos vivos, para la evaluación de riesgo tóxico, particularmente para la caracterización de los nuevos fármacos desarrollados por la industria farmacéutica que se incorporarán a la práctica clínica. El uso de animales en las pruebas preclínicas, está obligado para realizar la evaluación de riesgo toxicológico antes de ser autorizado un ensayo clínico por las autoridades pertenecientes de los Comités específicos de bioética. Existen además diferentes modelos que permiten analizar los efectos antihipertensivos e hipoglucemiantes (véase capítulo 7 de este libro sobre bioensayos *in vivo*). Por otra parte, se han desarrollado modelos animales que recrean diferentes enfermedades entre las que destaca cáncer y enfermedades crónicas. Finalmente, la manipulación genética y celular de animales de experimentación permiten generar modelos de diferentes enfermedades relacionadas con mutaciones particulares, lo que es interesante para revertir o impedir las complicaciones de enfermedades complejas. Estas opciones de modelos no serán atendidos en este capítulo.

Pruebas *in vitro:* Las diferentes metodologías que permiten la evaluación de fármacos en cultivos celulares han tenido un amplio desarrollo en las ciencias médicas, siendo un sistema efectivo para la evaluación de la toxicidad de rutina de muchos compuestos y elemento valioso para determinar el impacto en efectos sobre la proliferación celular, citotoxicidad y efectos antioxidantes. Si bien es cierto que todavía el uso de animales es aún imprescindible para algunos tipos de experimentación en el área de las ciencias de la salud, particularmente los efectos de toxicidad crónica, hay muchas situaciones en las que la metodología *in vitro* pueden sustituir eficientemente los estudios *in vivo*. Se han realizado trabajos de validación que han demostrado que existe una alta correlación entre los ensayos de toxicidad *in vitro e in vivo* (Organización Panamericana de la Salud, 2005). Por otra parte, el estudio de poblaciones celulares diferenciadas terminalmente permite hacer estudios sobre fenotipos particulares y establece el primer acercamiento hacia efectos selectivos. Estas pruebas son relativamente simples, rápidas y de bajo costo, proporcionando una evaluación valiosa sobre las sustancias que deberían ser descartadas o sujetas a caracterización posterior. De esta manera el aislamiento, propagación y caracterización de poblaciones celulares se destaca como la principal metodología para iniciar la caracterización *in vitro* de compuestos bioactivos.

1.3. Historia de los cultivos celulares

En 1878, Claude Bernard demostró que el medio interno, a pesar de ser producto del metabolismo celular, regulaba la actividad de los propios tejidos. Además, que para estudiar las células era necesario aislarlas en sistemas artificiales sin la influencia del organismo. Uno de los primeros pasos en este sentido fue dado por von Recklinghausen que en 1886, logró mantener glóbulos de anfibios por más de un mes bajo diferentes condiciones en recipientes esterilizados (Freshney, 2011). En 1885, Wilhelm Roux, aisló a través de una técnica microquirúrgica la placa neural de embrión de pollo, observó la formación de tubo neural, precursor del sistema nervioso central, estos resultados fueron considerados como el primero explante *in vitro*. En 1898, Ljunggren mantuvo *in vitro*, por varias semanas, explantes de piel humana inmersos en líquido de ascitis (Freshney, 2011). En 1903, Jolly hizo las primeras observaciones detalladas sobre la supervivencia y la división celular *in vitro* logrando mantener, por 30 días, leucocitos de salamandra. Ross Harrison, describió la diferenciación de células de trozos de tubo neural de rana, en gota de linfa de rana, mostró que la función normal continuaba *in vitro*, marcando así el verdadero inicio del cultivo celular. M. Burrows usó las técnicas de cultivo de tejidos de anfibios para los tejidos de animales homeotermos, descubriendo la importancia del plasma sanguíneo como medio de cultivo. Alexis Carrel, Premio Nobel en Cirugía Experimental, fue uno de los responsables del desarrollo de los métodos de cultivo celular, gran conocedor de las técnicas de asepsia, usó técnicas quirúrgicas en su trabajo. Con una técnica innovadora, le permitió mantener una línea celular de tejido conectivo de pollo activa por 34 años (Freshney, 2011).

La perfección de los actuales métodos de cultivo celular fue desarrollada, en gran parte, por el grupo del National Cancer Institute de los EUA, liderado por Wilton Earle, quien fue el primero en mantener células en multiplicación sobre vidrio, siendo el primero en mantener células en suspensión. En 1911-1912, se inició el desarrollo de cultivo de células animales con los estudios realizados por Warren & Lewis. Otros estudios fueron realizados para la optimización de los cultivos de tejidos, tales como los componentes del medio de cultivo necesarios para el desarrollo y crecimiento de las células (Dulbecco & Vogt, 1954; Eagle, 1955; Eagle, 1959; Eagle, 1960; Fischer, Puck & Sato, 1958; Hanks, 1948; Parker, 1961). De estas investigaciones se generó la variada gama de medios de cultivo disponibles en la actualidad, en donde inclusive actualmente se tienen condiciones libres de suero, siendo estas las condiciones más valiosas para los ensayos farmacológicos. La idea del cultivo de células vegetales fue alcanzada por Haberlandt en 1902, pero los primeros intentos con éxito fueron realizados en 1921 por Molliard y por Kotte y Robbins, al lograr mantener raíces de vegetales vivas durante algunas semanas (Freshney, 2011). Varios tipos de células animales, tanto de embriones como de adultos, han sido cultivados *in vitro* por períodos variables de tiempo, posibilitando su estudio sobre varias condiciones.

Entre los años cuarentas y los setentas los cultivos celulares pasaron a tener un importante papel en el aislamiento y estudio de los virus. Esto presentó un amplio soporte cuando Enders, Weller & Robbins en 1948, mostraron que el virus de la poliomielitis, tipo 2, podría replicarse en cultivo de tejidos de origen no nervioso de embriones humanos, determinando un efecto citopatogénico fácilmente observable en cultivos infectados. Asimismo, podría ser bloqueado por el uso de un suero-inmune específico (Freshney, 2011). Actualmente, las neoplasias malignas, o cáncer, representan un conjunto de enfermedades responsables de siete millones de muertes anuales en todo el mundo. La comprensión de los mecanismos básicos involucrados en el crecimiento tumoral es fundamental para el desarrollo de nuevas estrategias terapéuticas, especialmente para las formas más avanzadas de la enfermedad para las cuales las opciones actuales han mostrado impacto limitado en su eficiencia terapéutica. A pesar de que el cáncer generalmente se deriva de una clona, el proceso de proliferación, diferenciación y transformación tumoral promueve considerable diversidad genética entre las células neoplásicas en crecimiento. Estas células son sometidas a innumerables mecanismos de presión selectiva, incluyendo la hipoxia por vascularización inadecuada y, probablemente, el ataque por el sistema inmune. La secuencia de eventos, desde la primera célula alterada hasta la metástasis, involucra una serie de interacciones entre la célula tumoral y células inmunes, estromales, endoteliales y macrófagos que están involucradas en procesos diversos cuanto la angiogénesis, invasión y evasión inmune. Recientemente, la comprensión sobre la relación entre inmunidad en neoplasias avanzó a partir de nuevas herramientas para los estudios experimentales, y abre un área de atención que es la inmunomodulación.

Las técnicas de cultivo celular se han perfeccionado, actualmente permitiendo el cultivo de tejidos, órganos e inclusive embriones en desarrollo, los sistemas de cultivo celular son ampliamente usados, ya que:

- Constituyen un sistema económico
- Son relativamente fáciles de mantener
- Necesitan de poco espacio físico
- Permiten aislar virus, preparar antígenos virales y realizar pruebas de neutralización
- Son convenientes para la producción de vacunas, pues proporcionan preparaciones con elevadas concentraciones virales, relativamente libres de materiales extraños
- Permiten aislar gran número de virus que anteriormente era imposible aislar y/o cultivarlos
- Incrementan la complejidad de los estudios o estrategias experimentales sobre la biología molecular de las respuestas celulares básicas.

Los resultados en este proceso son de grande interés biológico, citológico, fisiológico, bioquímico, farmacológico, patológico, genético, etc, y su importancia aumenta cada día. El uso de los cultivos celulares con fines experimentales ha sido posible gracias a la creación de bancos de células que es posible mantener congeladas en nitrógeno líquido (-190°C), almacenando así una gran diversidad de líneas celulares a disposición de la comunidad científica mundial. Dichas poblaciones celulares pueden verse favorecidas en su estudio por varios tipos de técnicas de cultivo celulares que se han descrito.

1.4. Técnicas de cultivo celular

Los organismos multicelulares se originan del óvulo fecundado, a partir del cual las células, por procesos de diferenciación, originan tejidos y órganos que ejecutan diferentes funciones específicas. Estos diferentes tipos de células pueden ser identificados por características morfológicas en el organismo entero, sin embargo, cuando se realiza cultivo celular de esas poblaciones estas diferencias generalmente desaparecen (Bird & Forrester, 1981), lo que se conoce como cultivos primarios de células dispersas los cuales se pueden generar de prácticamente cualquier tejido. Los diferentes tipos de cultivos celulares se encuentran descritos en la Tabla 1.

Tipos	Origen
Cultivo primario	Cuando el cultivo proviene de células que han sido disgregadas de un tejido original tomado de un órgano de un animal recién sacrificado o de muestras de biopsia o procedimientos quirúrgicos.
Líneas celulares	Cuando cultivos primarios son sometidos a procesos de transformación, que les confieren capacidad ilimitada de multiplicación. Particularmente, se realiza una selección clonal para su establecimiento.
Cultivos Secundarios	Cuando de un cultivo primario se obtiene una población proliferante que es posible propagar *in vitro* por pases adicionales. Por lo regular es heterogéneo.
Cocultivos	Cuando en el cultivo coexisten dos tipos de células de linajes diferentes.

Tabla 1. Tipos de Cultivos Celulares

Entre las varias técnicas de cultivo celular existentes las más usadas son:

- Cultivo en monocapa
- Cultivo en suspensión
- Cultivo en suspensión de células adheridas a partículas (microcargadores) (Figura 2).

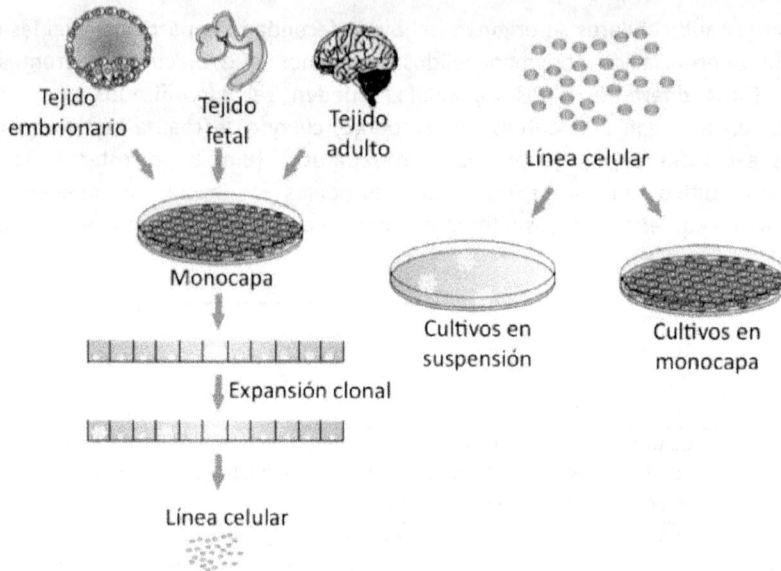

Figura 2. Tipos de cultivos celulares. Es posible a partir de tejidos embrionarios, fetales o del adulto aislar células de cualquier tejido. Bajo condiciones adecuadas de crecimiento es posible que in vitro se induzca su proliferación o diferenciación. Dichas poblaciones celulares pueden ser empleadas para analizar las diferentes respuestas celulares básicas, evaluar así factores que pueden ser empleados para identificar nuevos compuestos con acción selectiva sobre estirpes celulares específicas, estos cultivos se les denomina primarios. Bajo condiciones especiales se puede inducir la transformación de algunas células, se pueden propagar de manera clonal y establecer con ello una línea celular, la cual guarda las características del tejido de origen. Contar con poblaciones homogéneas es clave para realizar estudios Bioquímicos. Las líneas a su vez pueden ser propagadas de manera indefinida en monocapa o en suspensión

Cultivos en monocapa

La propagación *in vitro* de las células permite la formación de una monocapa que cubrirá la superficie de crecimiento hasta llegar a confluencia (es decir cubrir totalmente la caja) lo que hace que su proliferación sea inhibida cuando establecen contacto entre sí. Las células provenientes de cultivos primarios son las que mejor crecen en ésta condición, dada su estabilidad genética y su naturaleza diploide. Estos tipos de cultivos son estacionarios y pueden crecer en cajas de Petri, frascos para el cultivo de tejido tipo Roux, entre otros, que pueden ser de material de plástico o de vidrio previamente tratados. El desprendimiento para transferirlas a superficies mayores se realizan con agentes proteolíticos como la tripsina, dispasa o colagenasa.

Cultivos en suspensión

Las células provenientes de cultivos primarios se adhieren a superficies eficientemente, pero tienen la propiedad de mantenerse en una fase estacionaria cuando llegan a confluencia o cuando son fenotipos terminales. Es posible crecerlas en suspensión, después de un período de adaptación es posible que proliferen. El cultivo en suspensión es deseable cuando los productos que se pretende caracterizar o aislar son intracelulares o cuando se presentan problemas con la capacidad de adhesión de algunas células. Este tipo de cultivo permite una reducida manipulación cuando se trata de producir cultivos a una mayor escala de operación.

Cultivo en suspensión de células adheridas a microcargadores

Para este tipo de técnica se requiere de una combinación de moléculas cargadas positivamente y un factor de adherencia celular los cuales deben estar enlazados a la superficie de un soporte para su cultivo en un biorreactor, lo que permite mejorar la adhesión celular y estabilizar el crecimiento de las células. En la Tabla 2 se encuentran descritas las ventajas y desventajas de los cultivos celulares.

Ventajas	Desventajas
Control fisicoquímico: pH, temperatura, presión osmótica, tensión de oxígeno y gas carbónico para las células cultivadas y, las condiciones fisiológicas que deben ser constantes.	Las técnicas de cultivo celular necesitan una estricta condición de asepsia, pues estas células crecen con menor velocidad cuando se comparan con la mayoría de los contaminantes biológicos como las bacterias, los mohos y las levaduras.
Para el desarrollo de la mayoría de las líneas celulares se requiere la adición al medio de hormonas y otras sustancias reguladoras (Borg, Spitz, Hamel & Mark, 1985).	Las células procedentes de organismos multicelulares no pueden desarrollarse en medios de cultivo sin suplementos (Stoklosowa, Leško, Kusina & Galas, 1995).
Los cultivos de células permiten el uso de una baja y definida concentración de reactivos.	Los costos de propagar células eucariotas en cultivo son mayores que el uso de tejido animal, ya que se invierte bastante en ensayos o procedimientos preparativos que pueden ayudar en la estandarización del proceso (Brand, 1997).
Aunque los estudios *in vivo* resulten más económicos que los *in vitro*, el uso de la experimentación en animales resulta cuestionada por aspectos legales, morales y éticos (Stoklosowa et al., 1995).	En los cultivos celulares se dificulta correlacionar las características funcionales de las células ubicadas en el tejido del cual son derivadas, pues en la mayoría de los casos presentan propiedades muy diferentes; se necesita la utilización de marcadores celulares para la caracterización en cultivo y garantizar que las células aisladas y propagadas en cultivo son las mismas que se sembraron (Driscoll, Steinkampf, Paradiso, Kowal & Klohs, 1996).

Tabla 2. Ventajas y desventajas del cultivo celular

Uso de los cultivos celulares: Los cultivos celulares son utilizados en un gran número de ensayos:

- Para el estudio de células de tejidos específicos, conocer cómo crecen, qué necesitan para su crecimiento, cómo y cuando dejan de crecer.

- Para investigaciones sobre el ciclo celular, el control del crecimiento de células tumorales y la modulación de la expresión genética.

- Para los estudios de la biología del desarrollo y la diferenciación celular.

- Para la inserción de genes extraños en las células receptoras (animales transgénicos).

- Para la tecnología de la fusión celular y los ensayos de citotoxicidad son técnicas de cultivo celular.

2. Ciclo Celular

2.1. Fases del ciclo celular

La división celular generalmente comienza con la duplicación del contenido celular y posteriormente con la distribución del contenido celular en las dos células hijas. La duplicación de los cromosomas se produce durante **la fase S** del ciclo celular, mientras que la mayoría de otros componentes celulares se sintetizan continuamente durante todo el ciclo. Durante **la fase M**, los cromosomas que se replican son segregados en los núcleos individuales (**mitosis**), y después la célula se divide en dos (**citocinesis**). Las fases S y M, están separadas por periodos de tiempo llamados **G1 y G2,** cada una de las etapas se regulan por señales intracelulares y extra-celulares que son necesarias para la progresión del ciclo celular (ver figura 3). Durante la evolución se han conservado de manera importante tanto la organización del ciclo celular como su control. Como lo reflejan, los estudios de una amplia gama de sistemas celulares que han dado lugar a una visión unificada del control del ciclo celular eucarionte (Alberts, Johnson, Lewis, Raff, Roberts & Walter, 2008).

La función básica del ciclo celular es duplicar con alta precisión el ADN contenido en los cromosomas y luego separar las copias en dos células hijas genéticamente idénticas. Estos procesos definen las dos fases principales del ciclo celular, la fase S y la fase M. La duplicación de los cromosomas se realiza durante la fase S (**S por síntesis**), evento que requiere de aproximadamente entre 10-12 horas y ocupa la mitad del tiempo del ciclo celular en una célula típica de mamífero. Posterior a la fase S, tanto la segregación cromosómica como la división celular se producen en mucho menor tiempo (menos de una hora en células de mamífero) y se denomina fase M (**M de mitosis**).

La mayoría de las células requieren mucho más tiempo para crecer, duplicar su masa de proteínas y sus organelos que el que se requiere para duplicar sus cromosomas y por lo tanto dividirse. Una estrategia que la mayoría de las células presentan para regular el tiempo de crecimiento es implementar **fases intermedias**. La **fase G1**, que se observa entre la **fase M** y la **fase S**; y la **fase G2** que se encuentra entre la **fase S** y **la mitosis** se denominan **fases intermedias**. Es decir, el ciclo celular eucarionte se divide tradicionalmente en cuatro fases secuenciales: **G1, S, G2 y M** (Figura 3). Por ejemplo, en cultivos de células humanas que se encuentran en proliferación, la interfase puede ocupar hasta 23 horas durante todo el ciclo celular, dejando una hora para la fase M. Las dos fases intermedias representan retrasos de tiempo para permitir el crecimiento celular. Estas interfases también proveen tiempo para que la célula realice el monitoreo tanto del ambiente interno como el externo, y de ese modo, se garanticen las condiciones adecuadas para los preparativos metabólicos necesarios antes de que la célula se vea comprometida a realizar las fases S y mitosis.

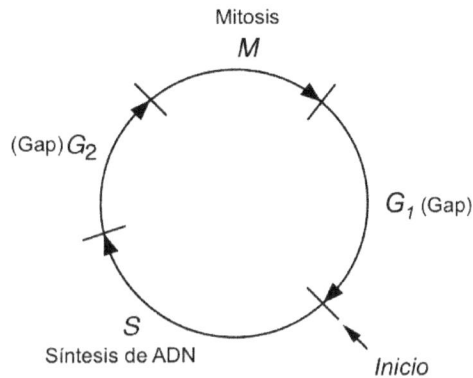

Figura 3. Representación esquemática de las etapas del ciclo celular. El ciclo celular está constituido por 4 etapas G1 en donde la célula de acuerdo a la concentración de nutrientes y factores tróficos establece el compromiso de dividirse, lo cual le permite pasar por el punto de restricción o inicio; S, periodo de tiempo en el cual la célula replica su información genética; G2 periodo en donde se verifica que el ADN no presente errores, se cuente con el crecimiento suficiente y se prepare para la división celular; y M, etapa final en donde se realiza la segregación de las cromátidas hermanas y se realiza la citocinesis o división celular. Pasando nuevamente a la etapa de G1, que de mantenerse las condiciones mantiene las condiciones de proliferación

2.2. Reguladores del ciclo celular

Algunas de las características del ciclo celular, incluyendo el tiempo requerido para completar ciertos eventos, varían mucho de un tipo de célula a otro, inclusive en el mismo organismo. Sin embargo, la organización básica del ciclo es esencialmente la misma en todas las células eucariontes, de tal forma, que parecen utilizar una maquinaria con mecanismos de control similares para accionar y regular la mayoría de los eventos en el ciclo celular. Sorprendentemente, las proteínas del sistema de control del ciclo celular presentan un alto grado de conservación a lo largo de la evolución, por ejemplo, cuando se transfiere la maquinaria de una célula humana a una célula de levadura, esta última funciona a la perfección. Estos hallazgos sugieren que se puede estudiar el ciclo celular y su regulación en una variedad de organismos y utilizar los resultados de todos ellos para mostrar una imagen unificada de cómo se dividen las células eucariontes. (Ver figura 4).

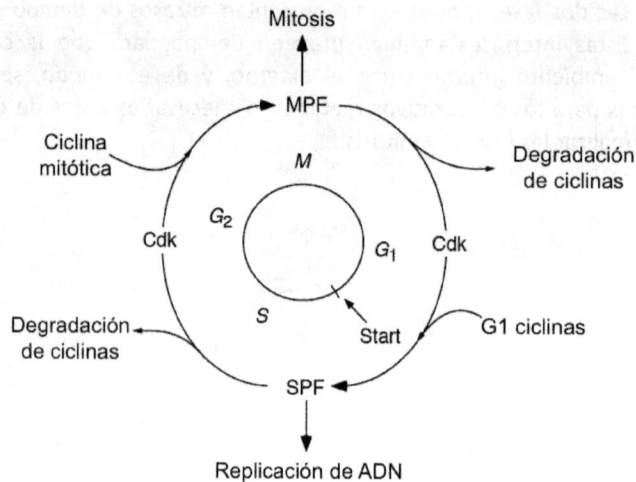

Figura 4. Diagrama representativo de los principales puntos de control del ciclo celular. El ciclo celular es controlado de manera muy precisa, existe una maquinaría qe permite ir verificando en cada fase la progresión adecuada. El dispositivo de regulación es una cinasa dependiente de ciclinas. Existen dos tipos de ciclinas, las ciclinas de G1 y las ciclinas de Mitosis, reciben el nombre de la etapa en la cual son más activas. Las ciclinas son degradadas para inactivar el complejo. Cdk, Cinasa dependiente de ciclina; SPF Factor promotor de la síntesis de ADN; MPF, Factor promotor de la mitosis

Fase S

Los cromosomas lineales de células eucariontes forman grandes complejos de ADN y proteínas, por lo que el proceso de duplicación es dinámico. No sólo la extensa molécula de ADN de cada cromosoma se debe duplicar con alta precisión, sino que también las proteínas que empaquetan y rodean cada región de ADN deben ser reproducidas, asegurando que las células hijas hereden todas las características de la estructura del cromosoma de la célula parental. El evento central de la duplicación de un cromosoma es la replicación del ADN. Una célula debe resolver dos problemas al iniciar y completar la replicación del ADN. En primer lugar, la replicación debe ser con extrema precisión para minimizar el riesgo de mutaciones en la generación de la siguiente célula. En segundo lugar, cada nucleótido en el genoma debe copiarse estrictamente sólo una vez, para así evitar los efectos perjudiciales de la amplificación de genes. La replicación del ADN inicia en los orígenes de replicación dispersos en numerosos sitios en cada cromosoma (Alberts et al., 2008).

Durante la fase S, la iniciación de la replicación del ADN se produce en estos orígenes cuando proteínas especializadas (proteínas iniciadoras) separan la doble hélice en el origen para dar lugar a que enzimas de replicación se unan al ADN de cadena sencilla. Esto conduce a la fase de elongación de la replicación, cuando la maquinaria de replicación se mueve hacia fuera del origen en las horquillas de replicación.

Para asegurar que la duplicación cromosómica ocurre sólo una vez por ciclo celular, la fase de iniciación de la replicación del ADN se divide en dos pasos distintos que se producen en diferentes momentos en el ciclo celular. El primer paso se da en mitosis tardía y G1 temprana, cuando el complejo de proteínas iniciadoras, llamado el complejo pre-replicativo o pre-RC, se ensambla en los orígenes de replicación. El segundo paso se produce al inicio de la fase S, cuando los componentes de la pre-RC se congregan para formar un complejo de proteínas más grande, llamado el complejo de pre-iniciación. Este complejo, entonces separa la hélice de ADN y permite que la ADN polimerasa y otras enzimas de replicación interactúen sobre las hebras del ADN, lo que da inicio la síntesis de ADN. Una vez que el origen de replicación se ha activado, el pre-RC se desmantela y no puede ser vuelto a ensamblar, hasta la siguiente etapa de G1. Como resultado los orígenes de replicación sólo se activan una vez por cada ciclo celular.

Mitosis

La mitosis es un proceso que resulta en la división de conjuntos duplicados de cromosomas y dos células hijas genéticamente idénticas. Desde un punto de vista de regulación la mitosis puede ser vista en dos eventos principales gobernadas por elementos diferentes de la regulación en el ciclo celular. El primer evento consiste en un incremento considerable de proteínas cinasas en la interfase G2/M. La segunda parte comienza en la transición de la metafase hacia la anafase, cuando el complejo promotor de la anafase (APC del inglés Anaphase Promoting Complex) activa la degradación de las securinas que liberan una proteasa que rompe las cohesinas e inicia la separación de las cromátidas hermanas. El APC también activa la degradación de las ciclinas lo cual permite la inactivación de Cdks y la defosforilación de los Cdks que son necesarios para todos los eventos de fase M tardía, inclusive la culminación de la anafase, el desensamble de huso mitótico y la división de la célula mediante la citocinesis (Alberts et al., 2008).

Citocinesis

El paso final del ciclo celular es la citocinesis, que se refiere a la división del citoplasma. En una célula típica la citocinesis acompaña cada proceso de mitosis, aunque en algunas células tales como las células de la placenta y las células del músculo, el proceso de mitosis se realiza sin citocinesis y por lo tanto adquieren múltiples núcleos. En muchas células animales, el proceso de citocinesis comienza en la anafase y termina poco después de que se completa la mitosis en telofase (Alberts et al., 2008).

El primer cambio visible de citocinesis en células animales es la repentina aparición de un pliegue denominado **surco de división** sobre la superficie de la célula. El surco rápidamente se profundiza y se dispersa alrededor de la célula hasta que se divide completamente en dos. La estructura que subyace a este proceso es el **anillo contráctil**. El anillo contráctil es un complejo dinámico compuesto de filamentos de actina, filamentos de miosina II y proteínas estructurales y reguladoras. Posteriormente el anillo se contrae gradualmente e inserta nuevas membranas adyacentes al anillo. Esta adición de membrana compensa el incremento del área de superficie que acompaña la división citoplasmática. Cuando la contracción del anillo se completa, la inserción y la fusión de la membrana sella la interfase entre las células hijas. En resumen, se puede considerar que la citocinesis se realiza en cuatro etapas principalmente; i) iniciación, ii) contracción, iii) inserción de membrana y iv) terminación.

2.3. Blancos potenciales de péptidos bioactivos con efectos antiproliferativos

Los péptidos bioactivos se definen como proteínas (que se sintetizan de manera natural o son producto de modificaciones enzimáticas) que presentan un impacto positivo o negativo en las funciones celulares, es decir modulan la fisiología celular a través de interacciones a receptores específicos en células blanco (Madureira, Tavares, Gomes, Pintado & Malcata, 2010). Desde el punto de vista de sus propiedades funcionales, los péptidos bioactivos se clasifican en: antiproliferativos, antimicrobianos, antitrombóticos, antihipertensivos, opioides, inmunomoduladores y antioxidantes (Ratajczak, Kim, Abdel-Latif, Schneider, Kucia, Morris et al., 2012). Estos péptidos juegan un papel importante en la salud humana y su estudio resulta relevante. Así lo revela el desarrollo y disponibilidad de bases de datos con información biológica de diversas fuentes a gran escala (PIR, http://pir.georgetown.edu/; GeneBank, http://www.ncbi.nlm.nih.gov/genbank/; Swiss-Prot, http://www.ebi.ac.uk/uniprot/; y SMS, http://cluster.physics.iisc.ernet.in/sms/) (Ravella, Kumar, Sherlin, Shankar, Vaishnavi, & Sekar, 2012; The UniProt Consortium, 2013) que han puesto de manifiesto la importancia de estas moléculas, las cuales en su gran mayoría aún no se ha asociado una función específica, por lo que es importante su caracterización tanto *in vivo* como *in vitro* para un mayor entendimiento de sus propiedades (Silano & De Vincenzi, 1999). Conocer los mecanismos regulatorios intrínsecos de los procesos celulares permite proponer posibles moléculas blanco para los efectos observados por péptidos bioactivos.

2.4. Puntos de Control del ciclo celular

Muchas de las proteínas y complejos relacionados con el control del ciclo celular son blanco de péptidos bioactivos. A continuación se aborda brevemente algunos puntos de control y papel de sus complejos proteicos que sobresalen como actores principales. El sistema de control del ciclo celular desencadena los eventos del ciclo celular y se asegura de que estos eventos se coordinen correctamente y se realicen en el orden correcto. El sistema de control responde a distintas señales intracelulares y extra-celulares, detiene el ciclo celular, ya sea cuando se detecta una falla en el ambiente intracelular para completar un proceso esencial del ciclo celular o la célula encuentra condiciones extra-celulares desfavorables, una vez que son cubiertos los requerimientos se prosigue su avance (Alberts et al., 2008).

Los componentes centrales del sistema de control del ciclo celular son las proteínas cinasas acopladas a ciclinas (Cdks del inglés Cyclin Dependent Kinase). Las oscilaciones en las actividades de diversos complejos de ciclina-Cdk controlan los eventos del ciclo celular. De esta manera, la fase S se inicia con la activación de los complejos denominados fase S-ciclina-Cdk (S-Cdk), mientras los complejos denominados fase-M-ciclina-Cdk (M-Cdk) activan la mitosis. Los mecanismos que controlan la actividad de los complejos de ciclina-Cdk incluyen la fosforilación de la subunidad Cdk, evento que provoca la unión de proteínas inhibidoras de Cdk (CKIs), así como la proteólisis de las ciclinas, y cambios en la transcripción de genes que codifican para los reguladores de Cdk. El sistema de control del ciclo celular también depende específicamente de dos complejos enzimáticos adicionales, el APC y la ligasa de ubiquitina-SCF, las cuales catalizan la ubiquitinación para la posterior degradación de proteínas reguladoras que controlan eventos críticos en el ciclo celular.

Todos estos procesos se encuentran finamente regulados para dar lugar al tamaño de un órgano u organismo que depende principalmente de su masa celular total. Los órganos y el tamaño del cuerpo se encuentran determinados por tres procesos fundamentales: crecimiento celular, división celular y muerte celular. Cada uno de estos procesos esta finamente regulado tanto por señales intracelulares como extra-celulares. Las moléculas que funcionan como señales extra-celulares que regulan el tamaño y número celular son generalmente de naturaleza soluble y secretables, aun que también hay componentes de la matriz extra-celular que también se encuentran presentes. Los efectores extra-celulares pueden dividirse en tres grupos principalmente: i) mitógenos o de proliferación, ii) factores de crecimiento y iii) factores de supervivencia. En el primer caso, estas proteínas estimulan la división celular, principalmente activando proteínas de la fase G1/S-Cdk que libera el control intracelular negativo, que de otra manera bloquearía el progreso hacia el ciclo celular. La estimulación del crecimiento celular (incremento de la masa celular) se promueve por la síntesis de proteínas y otras macromoléculas, así como por la inhibición de su degradación, caracterizan el segundo caso; mientras que el tercer grupo se caracteriza por promover la supervivencia celular suprimiendo la muerte celular programada o apoptosis (Figura 4).

En animales multicelulares, el tamaño, la división y la muerte celular son celosamente controlados para asegurar que el organismo y sus órganos logren y mantengan un tamaño apropiado. En las células eucariontes el sistema de control del ciclo celular desencadena la progresión del ciclo celular en tres puntos de control principales. El primero de ellos es el de inicio (o el punto de restricción) en G1 tardío, en él se establece el compromiso para entrar al ciclo celular dar inicio a la duplicación de la información genética, como se mencionó anteriormente. El segundo es el punto de control de G2/M, donde el sistema activa los eventos tempranos mitóticos que conducen a la alineación de los cromosomas en la región ecuatorial del huso mitótico en la metafase. El tercero es la transición de metafase a anafase, donde el sistema de control estimula la separación de las cromátidas hermanas para su migración a los polos, lo que lleva a la realización de la mitosis y citocinesis. El sistema de control funciona en bloques, de esta manera la progresión a través de cada uno de estos puntos de control sirve para detectar problemas en el interior o fuera de la célula. Si el sistema de control detecta problemas en la terminación de la replicación del ADN, se mantiene a la célula en el punto de control G2/M hasta que esos problemas se resuelven. Del mismo modo, si las condiciones extra-celulares no son apropiadas para la proliferación celular, el sistema de control bloquea la progresión desde el inicio, lo que impide la división celular hasta que las condiciones sean favorables.

Muchos descubrimientos importantes sobre el control del ciclo celular y el efecto de moléculas bioactivas incluyendo los péptidos, se han puesto de manifiesto por la búsqueda sistemática de mutaciones (al principio en levaduras y posteriormente en células en cultivo) que inactiven los genes que codifican para los componentes esenciales del sistema de control del ciclo celular. Específicamente, los genes afectados por algunas de estas mutaciones o por la acción de compuestos bioactivos se conocen como genes relacionados al ciclo de división celular, o genes CDC del inglés "Cell Division Cycle". Muchas de las mutaciones en los genes CDC provocan que las células se detengan en un punto específico en el ciclo celular, lo que sugiere que el producto del gen normal se requiere para proseguir el ciclo celular a la siguiente etapa. Una mutante que no puede completar el ciclo celular no se puede propagar. Por lo tanto, los mutantes CDC pueden ser seleccionadas y mantenidas sólo si su fenotipo es condicional. Un ejemplo de las mutaciones condicionales del ciclo celular son las que manifiestan sensibilidad a la temperatura, de esta manera la proteína mutante no funciona a altas temperaturas, pero funciona lo suficientemente bien como para permitir que la célula se divida a bajas temperaturas. Una mutante sensible a la temperatura CDC se puede propagar a una temperatura baja (condición permisiva), para luego ser sometida a condiciones de temperatura elevada (condición restrictiva) para desactivar la función del gen mutante. Otro ejemplo que ilustra la actividad biológica de péptidos en el control celular es la geodiamolida H que se obtiene de la esponja brasileña *Geodia*. Este péptido con actividad antiproliferativa actúa a nivel de la alteración de la actina del citoesqueleto en células de cáncer de mama (Rangel, Prado, Konno, Naoki, Freitas & Machado-Santelli, 2006). Otro ejemplo, es la mollamida, este ciclodepsipéptido se obtiene de la ascidia *Didemnum molle*, y se ha demostrado su actividad antiproliferativa en líneas celulares tales como la P388 (línea celular de leucemia murina), la A549 (carcinoma de pulmón humano) y la HT29 (carcinoma de colon humano) (Donia, Wang, Dunbar, Desai, Patny, Avery et al., 2008).

Avances en el área de la genómica combinados con la biosíntesis podrían representar una estrategia para la producción de péptidos naturales de diferentes fuentes. Una alternativa atractiva la presentan los avances en el campo de la proteómica y la metabolómica donde sin lugar a dudas, se obtendrá un alto impacto en la identificación y producción de péptidos como agentes biológicos que afecten la actividad de proteínas o genes involucrados en el ciclo celular. Como se mencionó al inicio, identificar la secuencia de ADN o ARN o proteínas relacionadas y predecir su función como péptidos bioactivos, junto con su producción y aplicación como agentes terapéuticos representa un reto sin precedentes.

2.5. Bioensayos para el análisis de proliferación celular

La evaluación rápida y precisa del número de células viables y la proliferación celular es un requisito indispensable en muchas situaciones experimentales que implican tanto estudios *in vitro* como *in vivo*. Ejemplos de utilidad para la determinación del número de células son: el análisis de la actividad del factor de crecimiento, las pruebas de lotes de suero, la detección de drogas, y la determinación del potencial citostático de compuestos contra el cáncer en pruebas toxicológicas. En este tipo de estudios toxicológicos, técnicas de ensayo *in vitro* son muy útiles para evaluar los efectos citotóxicos, mutagénicos y carcinogénicos de los compuestos químicos en las células humanas. (Evans, Madhunapantula, Robertson & Drabick, 2013).

Por lo general, uno de los dos parámetros que se usa para medir la salud de las células: es la viabilidad celular o la proliferación celular. En casi todos los casos, estos parámetros se miden por el ensayo de "funciones vitales" que son características de las células sanas.

La proliferación celular es la medida del número de células que se dividen en un cultivo. Una forma de medir este parámetro es mediante la realización de ensayos por clonación (Bayraktar & Rocha-Lima, 2012). En estos ensayos, un número definido de células se siembran en una matriz apropiada y el número de colonias que se forman después de un período de crecimiento se enumeran. Uno de los inconvenientes de este tipo de técnica son: que no es práctica para un gran número de muestras. Además, si las células se dividen solo unas pocas veces, y luego se convierten en quiescentes, las colonias pueden ser demasiado pequeñas para ser contadas y el número de células que se dividen pueden ser subestimadas.

Alternativamente, se puede establecer curvas de crecimiento, que tienen el inconveniente de requerir de mucho tiempo.

La cantidad de precursor marcado que se incorpora en el ADN se cuantifica al evaluar la cantidad de ADN total marcado en una población, o mediante la detección de los núcleos marcado microscópicamente. La incorporación del precursor marcado en el ADN es directamente proporcional a la cantidad de división celular que ocurre en el cultivo. La proliferación celular también puede medirse utilizando parámetros indirectos. En estas técnicas, se mide la actividad de las moléculas que regulan el ciclo celular (por ejemplo, ensayos de la actividad de cinasa presente en el complejo CDK) o mediante la cuantificación de sus cantidades (por ejemplo: Western blot, ELISA o inmunohistoquímica).

Los métodos para evaluar el proceso de proliferación celular incluyen la detección de antígenos de proliferación asociados por inmunohistoquímica, la cuantificación de la síntesis de ADN mediante la medición de timidina tritiada (3H-timidina), bromodesoxiuridina (BrdU), la captación de tinción de yoduro de propidio, la cuantificación de la reducción del ambiente intracelular mediante la sal de tetrazolio, la reducción del Alamar Blue y cuantificación de la concentración de ATP intracelular.

Incorporación de 3H-timidina

Históricamente, los investigadores han utilizado la incorporación de 3H-timidina como una medida de la proliferación celular. Este método requiere la incubación de las células con 3H-timidina durante 16-24 horas después del tratamiento con los compuestos o factores de crecimiento o la muestra de prueba. Durante esta incubación, la 3H-timidina se incorpora en el ADN recién sintetizado. La 3H-timidina incorporada se suele cuantificar mediante un contador de centelleo de las células marcadas colectadas por aspiración sobre filtros de membrana. Dado que sólo las células que proliferan incorporan 3H-timidina, este método es un indicador preciso de la síntesis de ADN y representa un estándar adecuado para medir la proliferación celular (Zolnai, Tóth, Wilson & Frenyó, 1998).

Incorporación bromodesoxiuridina

Así como la 3H-timidina, el 5-bromo-2'-desoxiuridina (BrdU) se incorpora al ADN que se sintetiza y proporciona una medida de la proliferación celular (deFazio, Leary, Hedley, & Tattersall, 1987). La incorporación de BrdU se detecta por un método indirecto, comúnmente con un anticuerpo específico anti BrdU conjugado a un sistema reportero tal como un fluorocromo o una enzima adecuada para el uso en inmunohistoquímica, inmunocitoquímica, en ELISA de células y análisis de citometría de flujo (Holm, Thomsen, Høyer & Hokland, 1998). Como con 3H-timidina, el uso de BrdU requiere un procesamiento extenso de las muestras.

Tinción con yoduro de propidio

Este método se basa en el hecho de que el yoduro de propidio se une al ADN, entonces la cuantificación del contenido de ADN en las células son una medida de la proliferación celular. Las células se lisan mediante un ciclo de congelación-descongelación en presencia de yoduro de propidio 1%. Un lector de placa mide la intensidad de fluorescencia, la señal es directamente proporcional al contenido de ADN en las muestras. Los valores de contenido de ADN mayor que los controles indican la proliferación mientras que los cultivos con valores por debajo del contenido de ADN indican valores de citotoxicidad (Grossman, Watson & Vinograd, 1974). Este ensayo tiene varias ventajas ya que puede ser utilizados tanto para las células en suspensión como una monocapa, que no requiere tratamiento excesivo de la muestra, es más barato y más rápido en comparación con los métodos que utilizan 3H-timidina y ensayos de incorporación de BrdU (Brown, Lim, Leonard, Lim, Chia, Verma et al., 2010).

Antígeno PCNA

El antígeno nuclear de células en proliferación (PCNA del inglés Proliferating Cell Nuclear Antigen) se identificó originalmente por inmunofluorescencia como una proteína nuclear cuya presencia correlaciona con el estado de proliferación de la célula. El PCNA se localiza por hibridación *in situ* en el brazo corto del cromosoma 20 de humano, con un pico de granos sobre la banda 20p13. El gen que codifica para el PCNA está presente como una copia única y tiene 6 exones y presenta una longitud de 4,961 pb. El PCNA controla la cohesión de la cromátida hermana de durante la fase S (Hall, Levison, Woods, Yu, Kellock, Watkins, et al., 1990).

Antígeno Ki-67

La medición de la tasa de expresión del antígeno Ki-67 es uno de los métodos más usados para determinar el índice de proliferación, lo que permite correlacionar la tasa proliferativa tumoral con variables clínico-patológicas (Reuschenbach, Seiz, von Knebel-Doeberitz, Vinokurova, Duwe, Ridder et al., 2012). El anticuerpo monoclonal anti-Ki-67 detecta un antígeno nuclear humano que se expresa en células que se encuentran en las fases "activas" del ciclo celular, es decir, en las fases G2, S, M y en la parte ulterior al umbral mitogénico, no siendo detectable en la fase preumbral (fase G1c) o para algunos fase G0 o de reposo del ciclo (Schlüter, Duchrow, Wohlenberg, Becker, Key, Flad. et al., 1993). La naturaleza exacta de este antígeno nuclear se desconoce aunque se ha establecido similitud con ADN polimerasa. Este antígeno es codificado por un gen localizado en el brazo largo del cromosoma 10 (10q25). La expresión de Ki-67 se correlaciona con otros índices de proliferación celular, tales como la medición de la fracción S + G2M mediante citometría de flujo, e incorporación de timidina tritiada y bromodeoxiuridina (Duchrow, Schlüter, Key, Kubbutat, Wohlenberg, Flad et al., 1995). Este parece ser uno de los pocos marcadores de proliferación celular que se correlaciona con pronóstico y estadío del tumor. De este modo tenemos que altos índices de marcación con Ki-67 se correlacionan con mayor posibilidad de metástasis en tumores incipientes además de peor pronóstico en pacientes con tumores avanzados.

Citometría de flujo

La citometría de flujo (CMF) es una técnica de análisis celular multiparámetrico cuyo fundamento se basa en el flujo de una suspensión de partículas (generalmente células). Esta técnica mide la dispersión de la luz y fluorescencia que poseen las células cuando un haz de luz incide a través de ellas. La citometría de flujo permite la medida simultánea de múltiples características físicas de una sola célula, como por ejemplo el tamaño o la granularidad (Tenorio-Borroto, Peñuelas-Rivas, Vásquez-Chagoyán, Prado-Prado, García-Mera & González-Díaz, 2012) También se usan anticuerpos que contienen moléculas fluorescentes acopladas. La fluorescencia que se emite al ser irradiadas a cierta longitud de onda, se detecta y de esta manera se pueden analizar poblaciones celulares diferentes (Van Craenenbroeck, Van Craenenbroeck, Van Ierssel, Bruyndonckx, Hoymans, Vrints. et al., 2012). Los parámetros que típicamente se miden de forma simultánea por cada célula son:

- Dispersión frontal de la luz *(forward scatter)*, valor proporcional al tamaño celular.

- Dispersión de la luz ortogonal *(side scatter)*, proporcional a la cantidad de estructuras granulares o complejidad de la célula.

- Intensidades de fluorescencia a diferentes longitudes de onda.

El equipo que realiza la evaluación de la fluorescencia se conoce como citofluorímetro de flujo. Estas medidas son realizadas mientras las células (partículas) pasan en fila, a una velocidad dada por segundo, a través del aparato de medida en una corriente de fluido (Wlodkowic, Skommer & Darzynkiewicz et al., 2012).

3. Evaluación de citotoxicidad

Los ensayos de citotoxicidad son técnicas de cultivo celular. La toxicidad en tejidos y células se define como una alteración de las funciones celulares básicas por efectos tóxicos de drogas y compuestos químicos. A través de estímulos las células pierden su equilibrio homeostático, que puede causar su adaptación o sufrir un proceso regresivo o morir (Figura 5). En los últimos años se están empezando a conocer los factores determinantes de la toxicidad en tejidos y células.

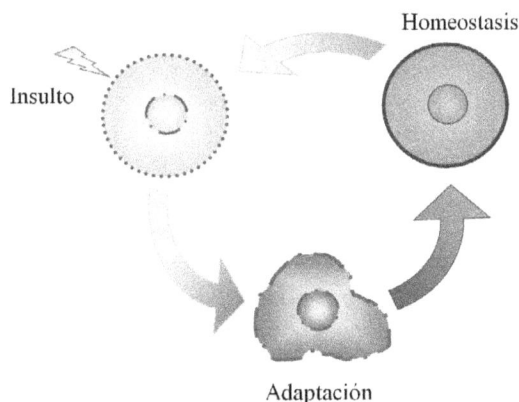

Figura 5. Esquema de la supervivencia celular. La célula recibe estímulos nocivos que de ser controlados se adapta, llevando a cabo diversos mecanismos metabólicos o tróficos que le pueden permitir regresar a su condición basal en un proceso homeostático

La supervivencia celular es dependiente de la capacidad del organismo en sustituir las células lesionadas o muertas o reparar los tejidos. A partir de un estímulo o lesión se ejercen respuestas celulares, que son adaptación, degeneración o muerte celular. La adaptación puede tener un carácter fisiológico si el estímulo agresor es moderado. Las adaptaciones patológicas pueden tener mecanismos adaptativos propiciando que la célula module su medio ambiente y se adapte, escapando de las agresiones siendo definido como un cambio morfológico resultante de una lesión no mortal de la célula. Cuando la célula no se adapta, se observa un metabolismo reducido, consecuentemente su función también será disminuida, por lo tanto, en este caso se puede decir que la célula sufrió una alteración regresiva. Distintos agentes nocivos, al mismo tiempo que producen daños, ponen en marcha la reparación de los tejidos que comprende dos procesos: a) la regeneración o sustitución de las células lesionadas por otras de la misma clase y b) la sustitución del tejido conjuntivo llamada fibrosis, el cual lleva a una cicatriz permanente. Estos dos procesos básicamente de los mismos mecanismos que intervienen en la migración, la proliferación, la diferenciación celular y las interacciones célula-matriz. Para la supervivencia el organismo debe ser capaz de sustituir las células lesionadas o muertas y de reparar los tejidos. Diversos fenómenos sirven para reducir los daños y también para que las células lesionadas supervivientes se multipliquen lo suficiente para reemplazar las células muertas. La Figura 5 describe los procesos de insulto, adaptación y homeostasis.

Cuando las células presentan una respuesta aumentada en consecuencia de la alteración sufrida, se reconoce como una alteración progresiva, la cual puede ser de cinco tipos: hipertrofia, hiperplasia, regeneración, metaplasia y neoplasia. Las alteraciones degenerativas debidas a la disminución de la función celular son tres respuestas celulares básicas: a) alteraciones del balance hidro-electrolito o hidrópica; b) sobrecarga de productos catabólicos (glucógeno, lípidos y proteínas) y c) acúmulo de productos complejos no degradables: pigmentos, minerales y sustancias exógenas.

3.1. Ensayos específicos para citotoxicidad

Entre las pruebas de citotoxicidad *in vitro*, se puede analizar el comportamiento de las células en un ambiente controlado, siendo posible evaluar: la inhibición del crecimiento celular; la permeabilidad de membrana, la replicación y la transcripción del ácido ribonucleico, la síntesis de proteínas, hormonas y enzimas, el metabolismo energético, la transformación celular, la mutagénesis y la carcinogénesis, entre otros (Freshney, 2011).

El amplio uso de líneas celulares y su utilización para la caracterización y desarrollo de compuestos con actividades sobre sistemas biológicos es cada vez más creciente, por lo que se hace necesario tener un mayor conocimiento de estos sistemas. Particularmente relevante es contar con líneas celulares que se encuentren libres de la presencia de contaminantes biológicos como bacterias, hongos, micoplasmas o virus. Por otra parte, se debe conocer su morfología natural, mantener una viabilidad alta y determinar su tasa de multiplicación con lo cual es posible monitorizar las línea lo que permite confiar en la calidad de los procesos de almacenamiento prolongado, lo que garantiza contar con sistemas reproducibles (Freshney, 2011).

Los ensayos con células de mamíferos han desempeñado un importante papel para identificar y caracterizar los potenciales efectos biológicos de los agentes químicos y físicos que rodean al hombre, tanto farmacológicos como tóxicos. Los métodos que emplean líneas inmortalizadas son los más generalizados en la actualidad al contar con condiciones de cultivo claramente descritas, conocer sus propiedades proliferativas e inclusive en algunos casos conocer los mecanismos que permitieron su transformación. Las líneas celulares más utilizadas son: ovario hámster chino

(CHO), células de riñón de mono verde (VERO), células de riñón de recién nacido de hámster (BHK-21), riñón de conejo (RK), células de cáncer cervical (HeLa), células de cáncer epidermoide humano (Hep-2). Todas estas líneas son muy utilizadas para analizar citotoxicidad y viabilidad celular, sin embargo, cada una de ellas son usadas para ensayos específicos ya sea metodológicos (de transfección, infección, selección) o selectivos de especies o tejido (ratón, hámster, humano, epitelial, mesenquimal, etc.).

Los aspectos importantes de la lesión celular

Mediante un estímulo prolongado nocivo ocasionado por agentes físicos, químicos, farmacológicos, infecciosos, reacciones inmunes, defectos genéticos o desequilibrios nutricionales la célula puede iniciar una serie de eventos que le permiten sobrevivir a estos ya sea una adaptación conocida por: atrofia, hipertrofia, hiperplasia y metaplasia o desencadenar una lesión celular irreversible. La lesión irreversible está asociada morfológicamente a: a) vacuolización de las mitocondrias, b) alteraciones de las membranas celulares, c) incremento del diámetro de los lisosomas y d) entrada masiva de calcio a la célula. La célula se encuentra imposibilitada para revertir la difusión mitocondrial tras reperfusión y oxigenación (ocasionando pérdida de ATP), y a la instauración de alteraciones de la función de las membranas (lesión de la membrana celular). La muerte celular puede ser por necrosis o apoptosis. La necrosis es la suma de cambios morfológicos que siguen a la muerte celular de un tejido u órgano (Figura 6). Es la principal manifestación de la lesión celular irreversible, pudiendo observar inicialmente cambios nucleares, y la contracción nuclear progresiva se transforma en una pequeña masa de cromatina condensada conocida como la picnosis nuclear. Las características morfológicas de la necrosis se deben a la desnaturalización de las proteínas y la digestión enzimática de las células lesionadas.

La apoptosis es un tipo especial de muerte celular: es un proceso activo muy ordenado y limitado a la población afectada, como parte del desarrollo normal la célula responde a estímulos fisiológicos y patológicos con lo que se determinan patrones reproducibles relevantes para los eventos morfogenéticos, que se caracterizan por: a) muerte celular programada de poblaciones celulares específicas en un patrón temporal y espacial definido, b) es un proceso genéticamente controlado, c) muerte de células aisladas y d) sin repercusión funcional orgánica. En la apoptosis ocurre la eliminación selectiva de: células con daño en el ADN que no pueden ser reparadas; linfocitos T citotóxicos activados; células auto-reactivas del sistema inmune y células infectadas.

Existen diferentes metodologías para detectar las lesiones celulares características de la apoptosis. Las técnicas de microscopia óptica más utilizadas emplean: a) material fijado, incluido y cortado; b) Diversas ópticas como contraste de fases, hematoxilina-eosina y inmunocitoquímicas para la detección de caspasas, citocromo C, técnica de TUNEL y c) *in vivo*: por la incorporación de anexina-V. Las técnicas de microscopía electrónica a través de: a) fijación, inclusión, corte y contraste para ultraestructura; b) fijación, inclusión, corte y contraste para citoquímica; c) fijación, inclusión, corte y contrates para inmunocitoquímica ultraestructural: detección de caspasas, técnica de TUNEL.

Cariolisis   Picnosis   Cariorrexis

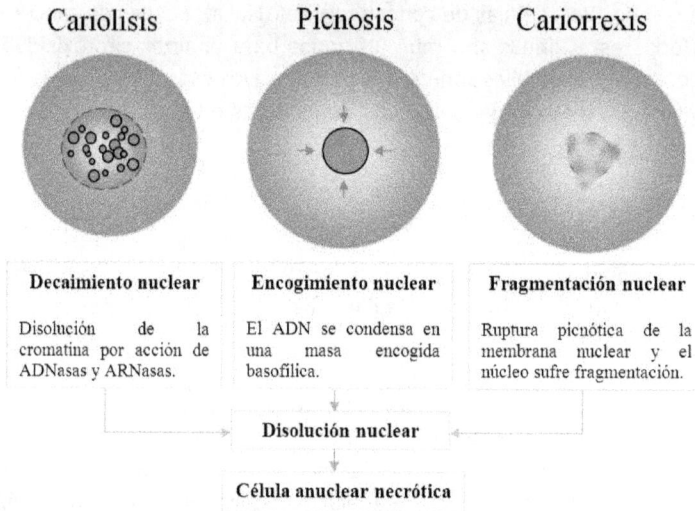

Decaimiento nuclear	Encogimiento nuclear	Fragmentación nuclear
Disolución de la cromatina por acción de ADNasas y ARNasas.	El ADN se condensa en una masa encogida basofílica.	Ruptura picnótica de la membrana nuclear y el núcleo sufre fragmentación.

Disolución nuclear

Célula anuclear necrótica

Figura 6. Cambios morfológicos de la célula que experimenta muerte por necrosis. Se indican las características microscópicas que se observan cuando a una célula se le suprime el aporte de irrigación

Citotoxicidad celular

La citotoxicidad puede ser definida como la capacidad que poseen ciertos compuestos de producir una alteración de las funciones celulares básicas que conlleva a un daño que puede ser detectado (Repetto, 2002). Para la cuantificación de la citotoxicidad es necesaria la implementación de diferentes tipos de ensayos que se encuentran descritos empleando diversos métodos y estrategias para realizarlos. Entre los métodos para cuantificar la citotoxicidad de un compuesto se cuenta con los que miden actividad metabólica celular y por los que se basan en el principio de exclusión celular.

Los ensayos que miden la actividad metabólica utilizan enzimas

Estos métodos para determinar la citotoxicidad de un compuesto incluyen: a) contacto de células vivas en medio de cultivo y expuestas a cantidades conocidas de los compuestos a ser analizados; b) incubación de las células en diferentes intervalos de tiempos; c) un colorante que tenga un estado oxidado, un agente transferidor de electrones, un sustrato para la enzima citoplasmática, un cofactor para la enzima citoplasmática; d) la enzima citoplasmática liberada de las células muertas a través de la cual se determina la citotoxicidad del compuesto a analizar.

Un buen ejemplo es la enzima lactato deshidrogenasa la cual es empleada en un ensayo de citotoxicidad de amplio espectro. Esta enzima está presente normalmente en el citoplasma de las células vivas y se libera en el medio de cultivo celular al permeabilizarse la membrana de las células muertas o en vías de hacerlo, que se han visto afectadas por un agente tóxico. Otro método que se basa en la reducción metabólica es a través del uso del bromuro de 3-(4,5-dimetiltizol-2-ilo)-2,5-difeniltetrazol (MTT) realizada por la enzima mitocondrial succinato-deshidrogenasa. Es un compuesto coloreado de color azul conocido como formazán, permitiendo determinar la funcionalidad mitocondrial de las células tratadas. Esto método ha sido muy utilizado para medir supervivencia y proliferación celular. La cantidad de células vivas es proporcional a la cantidad de formazán producido útil en ensayos de proliferación y citotoxicidad de células eucariotas (Mosmann, 1983; Berridge, Tan, McCoy & Wang, 1996).

Los ensayos basados en el principio de exclusión celular

Estos utilizan sustancias capaces de atravesar la membrana plasmática y teñir las células. Durante el conteo celular se pueden distinguir las células vivas de aquellas que no lo están, de manera que las células vivas presentan la capacidad de excluir el colorante activamente de sus citoplasmas. Existen descritos en la literatura varios reactivos como por ejemplo Rojo Neutro, Violeta de Genciana y Azul de Tripano. En el caso del rojo neutro es captado por las células, muy específicamente por los lisosomas y endosomas, y en la medida que la célula pierda viabilidad por la acción del compuesto que se analiza se libera al medio el colorante, solamente las células viables son capaces de retener el colorante en su interior. Se mide seguidamente la cantidad de rojo neutro que permanece dentro de la célula (Norton, 2000). Otro ensayo de enlazamiento al azul de Kenacid, en donde se mide el contenido de proteínas totales, a través de la proliferación celular (Lodish, Berk, Zipursky, Matsudaira, Baltimore & Darnell, 2007). Cuando una célula es expuesta a un compuesto capaz de dañar el crecimiento celular se reduce el número de células presentes en el cultivo tratado comparado con el control. La medición de la concentración de proteínas presentes en el cultivo constituye un índice de toxicidad. Cuando éstas células son expuestas al colorante azul de kenacid retenido por las células, se cuantifica el porcentaje de inhibición del crecimiento celular (Arencibia-Arrebola, Rosario-Fernández, Curveco-Sánchez, 2003). Otros ensayos que utilizan los indicadores de viabilidad celular, como el azul de Alamar y resazurina, permiten detectar crecimiento, viabilidad y susceptibilidad de diferentes compuestos. La detección de las células muertas por el uso de la glucosa-6-fosfato deshidrogenasa, en donde las células vivas pueden reducir fácilmente la resazurina (componente no tóxico), y el aumento de fluorescencia resultante se puede medir con un lector de microplacas o un fluorómetro. Las células muertas no tienen capacidad metabólica y no reducirán el colorante.

Ensayo del burst oxidativo usando citometría de flujo: Este ensayo ha sido desarrollado para monitorear la producción de especies reactivas de oxígeno (EROs), tal como peróxido de hidrógeno y aniones superóxidos, de los granulocitos. La capacidad para producir EROs, fenómeno conocido como burst oxidativo, es crítico para la degradación de material por granulocitos. El burst oxidativo esta también implicado en daño inflamatorio de los tejidos. En estos ensayos, las células son expuestas a la luz fluorescente para censar la producción de EROs intracelular. La oxidación del marcador de coloración de fluorescencia, tal como diacetato de diclorofluorencia (DCFH-DA) o dihidrorodamina 123 (DHR 123) han sido usados para detectar la formación de EROs. Después de la incorporación las células son expuestas al activador, el cual estimula la producción de EROs. La fluorescencia en determinados período de tiempo, revela las cantidades relativas de EROs intracelular producido en la población. Finalmente, el burst oxidativo es evaluado con base en la cinética de tiempo usando citometría de flujo.

3.2. Estrés oxidativo: las EROs

En los últimos años claramente se ha demostrado que el daño oxidativo es un factor causal para el desarrollo de enfermedades humanas. Así mismo, ha sido claro que agentes antioxidantes son capaces de prevenir o disminuir estos procesos patológicos. El avance de las ciencias básicas ha permitido comprender el papel que juegan los radicales libres como la causa del daño ejercido sobre las macromoléculas biológicamente relevantes, y ha destacado el papel de los antioxidantes en la prevención de dichas alteraciones moleculares. Gran parte del daño es consecuencia de un desequilibrio entre las concentraciones de EROs y los mecanismos de defensa antioxidantes que posee cada célula. Los niveles tisulares de antioxidante se pueden alterar por la presencia de compuestos que son incorporados en la dieta. Los estudios epidemiológicos demuestran que los nutrientes antioxidantes más importantes son la vitamina E, la vitamina C y el beta-caroteno, por lo que pueden desempeñar un papel beneficioso en la prevención de varias enfermedades crónicas. Por lo tanto se necesita más investigación sobre el impacto de otros compuestos, no nutritivos, como otros carotenoides, flavonoides y péptidos bioactivos sobre la salud humana.

Desde hace más de 50 años se ha propuesto que los radicales libres juegan un papel en el daño tisular, particularmente relacionado con el envejecimiento (Harman, 1956). Estas moléculas son generadas como consecuencia de los procesos de oxidación, que se definen como la transferencia de un electrón de un átomo a otro, esto sucede de manera natural como consecuencia de la vida en un ambiente aeróbico y a nuestro metabolismo, ya que el oxígeno es el último aceptor en el sistema de flujo de electrones que permite producir energía química en la forma de ATP (Davies, 1995). Sin embargo, es posible que existan problemas que desacoplen la transferencia de electrones, es decir que se genere un electrón desapareado, generando radicales libres, cuando esto sucede sobre el átomo de oxígeno dan origen a las EROs. Las principales son el anión superóxido, el peróxido, el hidroxilo, alcoxilo y óxido nítrico, particularmente como reflejo del escape de electrones altamente reactivos que se transfieren a los compuestos de oxígeno. De los EROs los más reactivos son el hidroxilo (posee una vida media de 10-9 segundos) y el alkoxilo (vida media de segundos), los cuales rápidamente atacan las macromoléculas cercanas, el daño generado es inevitable activando procesos de reparación. Por otra parte, el anión superóxido, hidroperóxidos y oxido nítrico son menos reactivos (Ames, Shigenaga & Hagen, 1993). Las EROs generan peroxidación de los lípidos de membrana (Elmastas, Gulcin & Isildak, 2006), también se pueden dañar proteínas, ácidos grasos poli-insaturados, carbohidratos y ácidos nucleicos, cuya repercusión puede condicionar mutaciones, los daños generados sobre estas moléculas conducen a condiciones patológicas que se han relacionado con enfermedades neurodegenerativas (Halliwell & Gutteridge, 1990; Lin & Beal, 2006) y al proceso de envejecimiento (Muller, Lustgarten, Jang, Richardson & Van Remmen, 2007). Las EROs también son generadas bajo algunas condiciones fisiológicas, como por ejemplo: son parte de la respuesta inmune primaria. Las células fagocíticas como neutrófilos, monocitos y macrófagos sintetizan grandes cantidades de superóxido y óxido nítrico como mecanismo para defender al organismo de agentes microbianos. Diversas enfermedades se generan por un efecto crónico de procesos inflamatorios, entre los que destacan la hipertensión, enfermedades cardiovasculares, la obesidad y la diabetes. Actualmente se han reportado que más de 100 enfermedades se han relacionado con un desbalance de las EROs, en las que se incluye malaria, síndrome de inmunodeficiencia adquirida, enfermedades cardiovasculares, Enfermedad cerebral vascular, ateroesclerosis, enfermedades neurodegenerativas, diabetes y cáncer (Alho & Leinonen, 1999; Duh, 1998; Hertog, Feskens, Hollman, Katan & Kromhout, 1993). También se ha implicado a las EROs en algunas comorbilidades que impactan como factores de riesgo como envejecimiento, hipercolesterolemia, y tabaquismo los cuales afectan la esperanza de vida. Así mismo, se ha destacado que los daños generados por las EROs contribuyen a disfunción de las células progenitoras endoteliales y a las células troncales o progenitores (Ushio-Fukai, 2009).

Las EROs se pueden generar en múltiples compartimentos celulares como consecuencia de la actividad de diversas enzimas. De las que destacan son las NADPH oxidasa (Lambeth, 2004), las presentes en el metabolismo de los lípidos en el lisosoma, y en el citosol las ciclo-oxigenasas. Aun que estas enzimas contribuyen a la generación de EROs, la gran mayoría proviene de la mitocondria (90%). El proceso de fosforilación oxidativa que se realiza en la mitocondria es el origen de las EROs, en éste se lleva a cabo una oxidación controlada de NADH y FADH para generar un gradiente electroquímico de protones a través de la membrana interna mitocondrial que conduce la síntesis ATP. El gradiente se produce como consecuencia del paso de electrones de alta energía por la cadena respiratoria, durante el cual la energía de los electrones va disminuyendo mientras se bombean protones al espacio intermembranal. A lo largo de la cadena respiratoria, existen puntos en donde un electrón puede reaccionar de manera directa con el oxígeno u otro aceptor de electrones con lo que se generan las EROs. Los dos principales puntos en donde se generan las EROs son los Complejos I (NADH:ubiquinona oxidoreductasa) y III (coenzima Q: citocromo C oxidoreductasa; complejo citocromo bc1), en donde grandes cambios en el potencial de energía de los electrones favorecen la transferencia del electrón al oxígeno (Figura 7) produciendo superóxido. Se ha demostrado que el incremento del potencial redox en el Complejo I (Kushnareva, Murphy & Andreyev, 2002) o Complejo III (Chen, Vazquez, Moghaddas, Hoppel & Lesnefsky, 2003) generalmente incrementa la producción de las EROs, apoyando la idea que el potencial redox de estos complejos es importante para la formación de especies reactivas, en el complejo I tanto los grupos hierro–azufre (Genova, Ventura, Giuliano, Bovina, Formiggini, Parenti et al., 2001) y el Flavin mononucleótido (Liu, Fiskum & Schubert, 2002) han sido implicados en su generación. En el Complejo III se ha descrito que el ciclo Q contribuye a la generación de superóxido a través reducción de la ubisemiquinona ya sea en la membrana externa o interna (St-Pierre, Buckingham, Roebuck & Brand, 2002). Por otra parte es posible que se aprecie un incremento considerable cuando se satura la cadena respiratoria, por ejemplo en condiciones patológicas como puede ser un incremento del metabolismo de los carbohidratos generado por hiperglucemia (diabetes mellitus), o por un incremento del metabolismo de los ácidos grasos (hiperlipidemias, obesidad). Particularmente éste último evento condiciona una situación relevante para la sobreproducción de EROs. Cuando se realiza la oxidación de los ácidos grasos se generan electrones de alta energía que son incorporados por FADH en el Complejo II, de esta manera al haber un exceso de electrones y saturar los sistemas de transporte de la cadena respiratoria los electrones son transferidos al Complejo I, generando lo que recibe el nombre de flujo electrónico reverso (Liu et al., 2002). La liberación de superóxido del complejo I es hacia la matriz mitocondrial, mientras que del complejo III la liberación es hacia el espacio intermembranal pasando rápidamente al citoplasma por los poros mitocondriales (St Pierre et al., 2002). La presencia de EROs en la mitocondrial condiciona daño del ADN que al afectar a los componente de la cadena respiratoria favorece un mayor desacoplamiento del flujo de electrones lo que induce una mayor producción de EROs (Trachootham, Alexandre & Huang, 2009). El anión superóxido lleva a cabo sus efectos en distancias cortas, de tal manera que sus efectos se limitan al sitio de su producción, sin embargo, éste puede ser convertido por la superóxido dismutasa en peróxido de hidrógeno, el cual es una especie más estable, por lo que puede difundir libremente en toda la célula. Se sabe que el peróxido es un regulador de la señalización intracelular, a través de activar moléculas de transducción que son sensibles a condiciones de oxido reducción, ejemplos de estas son las que desfosforilan proteínas en residuos de tirosina (Fosfatasas de tirosina, Meng, Fukada & Tonks, 2002), de tal manera que los electrones generados en exceso por el metabolismo mitocondrial puede ser empleado para regular la señalización intracelular a través de la producción de EROs (Murphy, Holmgren, Larsson, Halliwell, Chang, Kalyanaraman et al., 2011; Hamanaka & Chandel, 2010). El peróxido puede ser convertido a su vez en el radical hidroxilo (OH-), el cual es la EROs más reactiva. La generación de OH- se favorece por la presencia de metales de transición reducidos a través de la reacción de Fenton; de esta manera la producción de EROs por la mitocondria conduce al daño de macromoléculas en toda la célula, incluyendo el ADN nuclear, lípidos de membrana y proteínas.

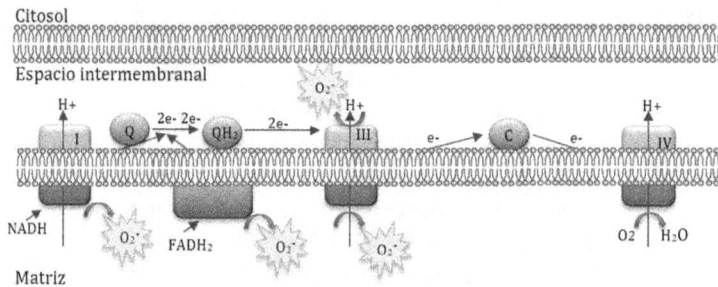

Figura 7. Topología del sitio de origen del superóxido. En la mitocondria se acumulan electrones de alta energía empleados para el bombeo de protones, lo cual es imprescindible para generar una fuerza motriz que participará en la síntesis de ATP, si se genera un exceso de producción de electrones de alta energía o se desacopla la transferencia de electrones es posible q estos sean transferidos al oxígeno. La transferencia ocurre de manera preferente por los complejos I y III, el complejo II es posible que genere especies reactivas de oxígeno cuando hay un exceso de la beta oxidación, modificado de Hamanaka y Chandel (2010)

3.3. Mecanismos reguladores del estrés oxidativo

En la célula existen diversos mecanismos que contrarrestan los efectos dañinos de las EROs, se pueden agrupar en los enzimáticos y los no enzimáticos. Los enzimáticos están representados por las superóxido dismutasas, las catalasas y las peroxidasas, mientras los segundos se relacionan con moléculas aromáticas o los efectos reductores del glutatión. Además es posible que a nivel de la membrana interna mitocondrial se regule la producción de superóxido, lo anterior por la presencia de proteínas desacopladoras, estas proteínas funcionan como poros que permiten disminuir el gradiente de protones, lo cual reduce el potencial oxidativo de la cadena respiratoria y en consecuencia la capacidad de generar superóxido. Este evento se encuentra acompañado de la liberación de calor.

La superóxido dismutasa (SODs) forma parte de una familia de metaloenzimas que utilizan cofactores como Zinc(Zn), Cobre (Cu), Fierro (Fe), Manganeso (Mn); son el sistema de defensa de mayor significancia contra O_2^- convirtiendo a este en peróxido de hidrógeno. Las SODs existen en tres isoformas: la citoplásmica SOD Cu/Zn (SOD 1), la mitocondrial (SOD Mn) y la extra-celular (SOD Cu/Zn). Evidencias recientes sugieren que en cada una de las ubicaciones subcelulares, las SODs catalizan la conversión de O_2^- a H2O2, el cual podría participa en señalización intracelular. Además, las SODs juegan un papel crítico en inhibir la inactivación oxidativa de óxido nítrico, por lo tanto previniendo la formación de peroxinitrilo y en consecuencia la disfunción mitocondrial y el daño al endotelio vascular. La reacción catalizada por la SOD se muestra a continuación (Weisiger & Fridovich, 1973; Marklund, 1982):

$$2\ O_2 + 2H^- \rightarrow H_2O_2 + O_2$$

Estas enzimas están presentes en cualquier célula que utilice oxígeno, pues éstas tienen el potencial de producir el anión superóxido, y por ende debe de contar con alguna forma de SOD (Fridovich, 1974); Por lo que una amplia gama de organismos la contienen, esto se describe en la siguiente tabla (Tabla 3) (Omar, Flores & McCord, 1992):

Tipo	Estructura	Localización	Distribución
Cu/Zn SOD	Dímero	Citosol	Eucariontes y algunos procariontes
EC/SOD (Cu/Zn)	Tetrámero	Extra-celular unida a membrana	Mamíferos, pájaros y peces
Mn-SOD	Dímero o tetrámero	Citosol o matriz extra-celular	Todos los aerobios
Fe-SOD	Dímero o tetrámero	Citosol, cloroplastos o mitocondrias	Procariontes y algunas eucariontes

Tabla 3. Tipos y ubiación de las Super Óxido Dismutasas

La Catalasa es una peroxidasa, es decir que cataliza la conversión del peróxido de hidrógeno en agua y oxígeno (Chelikani, Fita & Loewen, 2004), por lo que ayuda a contrarrestar el estrés oxidativo, que se genera durante el metabolismo celular. A continuación se observa la reacción que esta enzima realiza:

$$H_2O_2 + H_2O_2 \rightarrow 2H_2O + O_2$$

La catalasa es una metaloproteína, se encuentra conformada por 4 subunidades su peso molecular oscila entre los 210-280 KDa (Hadju, Wyss & Aebi, 1977), en donde la enzima perteneciente a la especie humana se encuentra asociada a 4 NADPH reducido uno por cada subunidad que la conforma (Fita & Rossman, 1985). Podemos encontrar a la catalasa localizada en la mitocondria y en los peroxisomas (Chelikani et al. 2004), con la excepción de los eritrocitos donde esta enzima se localiza en citosol (Chance & Maehly, 1955). Se han identificado 3 grupos de catalasas:

- Catalasas monofuncionales están presentes en organismos eucariontes y procariontes y contienen un grupo hemo. Estas catalasas a su vez se clasifican en 2 tipos las de subunidades péqueñas y las de subunidades grandes siendo las primeras localizadas e mamíferos, hongos y en la gran mayoría de las bacterias y unen NADPH, las de subunidades grandes generalmente están en hongos y bacterias, y no unen NADPH (Lardinois, Mestdagh & Rouxhet, 1996; Melik-Adamyan, Bravo, Carpena, Switala, Maté, Fita et al., 2001).

- Mn-catalasa esta enzima está presente en organismo procariontes aerobios contiene un Mn en su sitio activo, y son hexaméricas.

- Catalasa-Peroxidasa: como su nombre lo dicen tienen actividad catalasa y peroxidasa, están presentes en hongos y bacterias, además también contienen un grupo hemos (Hadju et al., 1977).

La Glutatión peroxidasa (Gpx): como su nombre lo indica también es una enzima encargada de reducir el daño causado por las EROs y es dependiente de Selenio (Se), catalizando el paso de peróxido de hidrógeno y lipoperóxido a agua o sus respectivos alcoholes, esto utilizado glutatión reducido (GSH) (Margis, Dunand, Teixeira & Margis-Pinheiro, 2008), es este GSH el cual reacciona con peróxidos y los transforma en agua y en alcohol, es durante este proceso donde el glutation es oxidado (GSSH), y después es regresado a su estado reducido por la glutation reductasa (GR) (Neve, Vertongen & Molle, 1985). La reacción que se lleva a cabo es la siguiente:

$$2GSH + H_2O_2 \rightarrow GSSH + 2H_2O$$

La GPx fue reportada por Millis en 1975 en el eritrocito bovino, después se reportó en pulmones hígado de rata, músculo, piel de peces y eritrocitos humanos, esto indica que esta enzima está presente en gran cantidad en los organismos (Zachara, 1991; Vertechy, Cooper, Ghirardi & Ramacci, 1993).

Esta enzima cuenta con varias isoformas, siendo la Gpx1 la mejor caracterizada, esta localiza en el citosol y la mitocondria (Wagner, Kautz, Fricke, Zerr-Fouineau, Demicheva, Guldenzoph et al., 2009). Se conocen al menos 3 isoformas de la GPx:

- GPx-c es la forma intracelular.
- GPx-p es la forma extra-celular o plasmática.
- GPx-PH es específica para los fosfolipoperóxidos (Asociada a membrana) (Zachara, 1991).

Cabe mencionar que tanto la calatasa como la glutatión peroxidasa se encargan de disminuir los niveles de H_2O_2, pero su regulación es diferentes, ya que la CAT actúa en presencia de altas concentraciones de peróxido y GPx a concentraciones bajas, esto nos demuestras una relación inversa en la actividad de las enzimas, además es importante mencionar que tanto la CAT/SOD y la GPx/GRd forman parte de sistemas enzimáticos antioxidantes diferentes (Zachara, 1991; Lam, Wang, Hong & Treble, 1993).

Varios compuestos de bajo peso molecular están involucrados en la defensa antioxidante. Glutatión reducido es el principal tiol citosólico, éste sirve como cofactor para diversas enzimas detoxificadoras (glutatión peroxidasa, glutation-S-transferasa). Este compuesto está involucrado en la reducción de puentes disulfuro presentes en proteínas, adicionalmente secuestra EROs, siendo oxidado a GSSG. Otros compuestos tales como el ubiquinol uratos o billirrubinas también poseen actividades antioxidante (Jacob & Bum, 1996)

3.4. Los complementos alimenticios antioxidantes

La dieta humana contienen una diversidad de compuestos que poseen actividades antioxidantes o que se han propuesto como sustancias que secuestran EROs en base a sus propiedades estructurales. Las moléculas representativas más eficientes en secuestrar EROS presentes en la dieta son: Ácido ascórbico (vitamina C), tocoferol (vitamina E), carotenoides y flavonoides. Excluyendo a la vitamina C existen varios cientos de moléculas variante con efectos antioxidantes, particularmente diversos son los carotenoides para los que se han descrito más de 600 diferentes moléculas, cerca de la décima parte de ellas es posible que se encuentren presentes en la dieta humana (Rice-Evans, Miller, Bolwell, Bramley & Pridham, 1995; Rock, Jacob & Bowen, 1996). La misma diversidad de compuestos presentes en los alimentos hacen proponer que es posible obtener efectos sinérgicos entre los diferentes compuestos presentes en los alimentos, lo cual es difícil demostrar *in vivo*. La vitamina C se considera como el agente antioxidante natural más potente (Weber, 1996). Es un compuesto hidrosoluble, en presencia de EROs se oxida a deshidro-ascorbato, el cual se recicla a ácido ascórbico por medio de la deshidro-ascorbato reductasa, de esta manera el deshidroascorbato se encuentra en muy bajos niveles. La ingesta de altas dosis de vitamina C por personas sanas demuestra que no presenta efectos adversos, particularmente debido a un control homeostático que mantiene concentraciones estables, al limitar su absorción e incrementar su eliminación de manera compensatoria. Su mecanismo antioxidante está relacionado con secuestrar el superóxido, peróxido de oxígeno, el radical hidroxilo y el singulete de oxígeno. La vitamina E o alfa-tocoferol es una substancia altamente lipofílica se ubica preferentemente en membranas y presenta alta unión con lipoproteínas, de tal manera que su principal efecto antioxidante es evitar la lipoperoxidación, lo que se realiza al secuestrar radicales lipo-peróxidos (Traber & Sies, 1996). Los carotenoides son colorantes naturales con una pronunciada actividad antioxidante (Olson & Krinsky, 1995). Sus propiedades químicas están relacionadas con la presencia de dobles enlaces los cuales siendo más eficientes cuando se encuentran grupos hidroxilo y carbonilo (Siaja, Scalese, Lanza, Marzullo & Bonina, 1995). Estos compuestos ejercen su efecto antioxidante al secuestar eficientemente el singulete de oxígeno y los radicales peróxido (Palozza & Krinsky, 1992). De manera similar a la vitamina E los carotenoides presentan alta afinidad por lipoproteínas encontrándose en altas concentraciones en las lipoproteínas de baja densidad y las de alta densidad séricas. Los flavonoides son un grupo grande de compuestos antioxidantes polifenólicos, se encuentran principalmente como compuestos O-glucósidos. Estos poseen varias familias de compuestos relacionados estructuralmente. Son eficientes secuestradores de radicales peróxilo, e hidroxilo y del singulete de oxígeno, su mecanismo antioxidante esta relacionado con la formación de radicales fenoxi (Rice-Evans & Miller, 1996).

La participación de los EROs en diversos mecanismos promotores de enfermedades crónicas, o como mediadores de daño celular por enfermedades crónicas, han despertado el interés de encontrar nuevos compuestos antioxidantes que puedan incorporarse a los alimentos. En los últimos años particular interés ha sido enfocado a la identificación de péptidos antioxidantes, estos se han identificado en la leche (Suetsuna, Ukeda & Ochi, 2000) y papa (Pihlanto, Akkanen & Korhonen, 2008). También se han aislado de hidrolizados de carne de pescado (Wu, Chen & Shiau, 2003), particularmente, se han descrito actividad antioxidante de hidrolizados de proteínas que *in vitro* presentan efecto antioxidante sobre radicales hidroxilo hasta en un 35%, en donde hay un efecto mayor con hidrolizados de menor tamaño (Je, Park & Kim, 2005). Hidrolizados de bajo peso molecular obtenidos con Flavoursina y alcalasa han sido los más efectivos contra las EROs y los iones férricos (Dong, Zeng, Wang, Liu, Zhao & Yang, 2008). Los péptidos generados con Flavorzina y Alcalasa han mostrado *in vitro* que pueden evitar el daño sobre el ADN empleando la reacción de Fenton, se propone que el efecto protector se debe a que los hidrolizados quelan el Fe^{2+} previniendo así que reaccionen con el peróxido lo que evita la formación de hidroxilos (Klompong, Benjakul, Yachai, Visessanguan, Shahidi & Hayes, 2009). Se ha reportado la secuencia de pequeños péptidos con actividad antioxidante obtenidos de la hidrólisis de la carne del atún, la secuencia con mayor efecto ha sido LPTSEAAKY la que es capaz de reducir en un 79.6% la capacidad oxidativa *in vitro* (Hsu, 2010), otra secuencia es LHY que ha logrado la reducción en un 63% (Bougatef, Nedjar-Arroume, Manni, Ravallec, Barkia, Guillochon et al., 2010).

3.5. Procedimientos de detección de EROs

Se ha comprobado que las EROs generan daños en diferentes biomoléculas como son las proteínas, lípidos y DNA estos daños se asocian a la aparición de enfermedades como lo son la de Alzheimer, Parkinson, Diabetes, enfermedades cardiovasculares entre otras, por lo que resulta muy relevante su detección en células de mamíferos en especial de humanos, para poder identificar mecanismos de acción de potenciales drogas o aditivos en complementos alimenticios. Así mismo, identificar los mecanismos que están involucrados en los daños que participan en el desarrollo del padecimiento. Existen dos métodos empleados los químicos y los fluorescentes, los dos procedimientos más frecuentes son los que se describen a continuación.

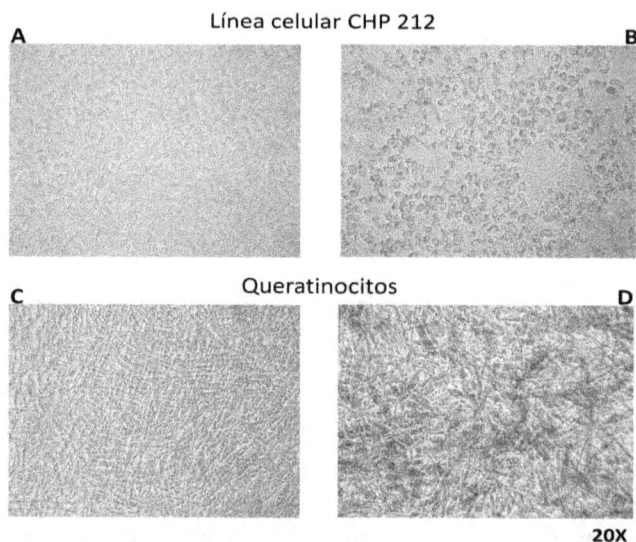

Figura 8. Detección de EROs por NBT. Se observa que la línea tumoral presenta una menor capacidad de generar EROS, posiblemente presenta mecanismo que eviten su generación. Mientras que los queratinocitos muestran claramente positividad al formazán, reactivo que denota la presencia de especies reactivas

Detección de EROs mediante NBT

La detección de EROs intracelular específicamente del superóxido (O^-_2) se basa en una prueba colorimétrica, debido que se evalúa la presencia de forzamán en los diferentes pozos de la placa que contiene las células a evaluar, este análisis se llevaba a cabo mediante un lector multiplaca realizando lecturas a una absorbancia de 550 nm, cuya longitud de onda es a la cual se detecta el formazán. Las células a ser estudiadas son cultivadas en cajas de 96 pozos, una vez que alcanzan la confluencia del 80-90% están lista para ser sometidas a la detección de EROs o de ser necesario a la inducción de estas. El procedimiento consiste en la incubación con NBT y por último un lisado con SDS 10%. Este técnica se basa como ya se menciono en la detección de los cristales de formazan (Figura 8), son justo estos cristales los que dan una coloración morada, los cuales son generados cuando el NBT es reducido debido a que compite con el O_2 y esta reducción es llevada a cabo por la NADPH-oxidasa y también por efecto directo del O_2^-.

Detección de EROs mediante el kit de detección de EROs/Superóxido

Este procedimiento es uno de los más sofisticados pues permite la detección de diferentes tipos de EROs y de especies reactivas de nitrógeno. Existen modificaciones del procedimiento de detección que permiten evaluar de manera independiente la presencia de superóxido (O_2^-). Esta técnica puede ser analizada por microscopía de fluorescencia o citometría de flujo; las EROs son detectados mediante reactivos de detección (fluoróforo) que emite una fluorescencia verde. En el caso del la superóxido el reactivo genera una fluorescencia de color naranja; en cuanto a la detección por microscopio de fluorescencia se requieren un set de filtros con longitudes de onda de 490/525 nm para observar la fluorescencia emitida por los EROs, mientras que para observar la detección del superóxido se requiere de un set de filtros de 550/620 nm). En el caso de a ser analizados mediante citometría de flujo, el equipo debe de contar con un láser azul y un filtro de 488 nm.

J.J.Acevedo Fernández, J.S.Angeles Chimal, H.M. Rivera, V.L.Petricevich López, N.Y. Nolasco Quintana, D.Y. Collí Magaña, J.Santa-Olalla Tapia

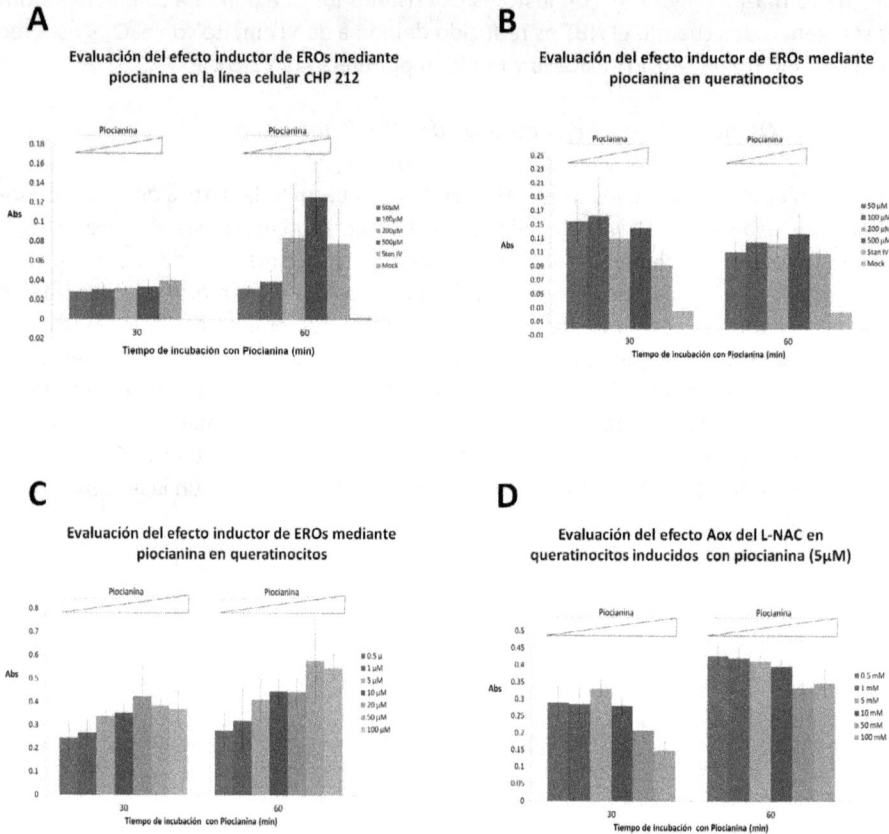

*Figura 9. Se realizó la evaluación del efecto inductor de EROs mediante piocianina (5-500 µM) en una línea celular trasformada como lo es CHP 212 **(Fig. A)** y células no transformadas como los queratinocitos **(Fig. B)**, ambos tipos celulares fueron incubados a 2 tiempos diferentes (30 y 60 min) tanto con el inductor y con el detector de estas especies reactivas de oxígeno que es el NBT, después de esto las células fueron lisadas con SDS 10% y fueron leídas mediante un lector mutiplaca Sinergy II a una absorbancia de 550 , también se evaluó el efecto de otro inductor (Stan IV 1.5 µg/ml), se observa que los queratinocitos presentan los valores de absorbancia más altos lo que nos indica que son más susceptibles de generar EROs al ser inducidas con piociana que la línea celular CHP 212. Por lo qe los queratinocitos son una población sobre la qe se puede evaluar los efectos antioxidantes, lo inmediato fue disminuir las concentraciones del inductor de 0.5.100 µM **(Fig. C)**, empleando la concentración de 5 µM, se evaluó el efecto antioxidante (aox) del L-NAC **(Fig. D)** con concentraciones de 0.5-100 mM. Se observa que los efectos antioxidantes son más evidentes a altas concentraciones y tiempos cortos (30 min)*

3.6. Efectos antibióticos

Los microorganismos, desde su aparición como formas de vida independiente, han estado sujetos a presiones de selección por radiaciones ultravioleta, pH, disponibilidad de oxígeno, presión atmosférica y, para aquellos de ambientes acuáticos, a los niveles de presión barométrica. Por lo tanto, los microorganismos identificados en la actualidad, son los que han logrado desarrollar un proceso evolutivo que les ha permitido adaptarse a las exigencias del medio.

Desde el punto de visto antropocéntrico, los microorganismos, han provocado desde brotes, endemias, epidemias, hasta pandemias, con altas tasas de morbi-mortalidad, diezmando en la Europa medieval poblaciones completas de sus habitantes y reemergiendo en la actualidad algunas infecciones que se consideraban controladas.

Esto ha permitido que, desde los orígenes de las primeras civilizaciones, se tengan registros gráficos y/o escritos de la búsqueda y empleo de sustancias para revertir el efecto de la invasión de un microorganismo a los tejidos, órganos o sistemas del cuerpo humano (Amabile-Cuevas, 2012).

Búsqueda de sustancias con actividad antimicrobiana

El vocablo "alcaloide", es derivado de la palabra árabe *al-qali*. Hace mención al nombre de la planta de donde se obtuvo el primer compuesto nitrogenado que constituye el principio farmacológicamente activo encontrado en la mayoría de las flores. La morfina, fue el primer alcaloide aislado en extractos crudos *de Papaver somniferum*, y desde entonces se han identificado y determinado la estructura química de más de 10,000 sustancias alcaloide (Kutchan, 1994).

Este tipo de sustancias han sido utilizadas desde el inicio de las civilizaciones, como veneno, medicinas o pociones. Uno de los ejemplos más ilustrativos es la muerte por envenenamiento del filósofo griego Sócrates (muerto en 399 A.C.) al ingerir sicuta (infusión obtenida de *Conium maculatum)*. En la historia se registra también la utilización de extractos de atropina *(Hyoscyamus muticus)* por la emperatriz de Egipto Cleopatra para dilatar sus pupilas y proyectar una imagen de euforia y alucinante. Con este mismo propósito, en la Europa medieval, la mujeres ingerían extractos de *Atropella belladona* (de ahí el nombre *belladona).* Estos compuesto son tóxico, sin embargo en la medicina alópata, para examinar la dilatación de las pupilas se usan derivados sintéticos anticolinérgicos de atropina (tropicamina). Al menos durante los dos últimos siglos, la quinina (antimalárico), obtenida de *Cinchona officinalis*, permitió la expansión de las exploraciones europeas hacia los trópicos al permitir a los exploradores contar con un fármaco eficiente contra la malaria (Kutchan, 1994).

El descubrimiento circunstancial de la penicilina por Alexander Fleming en 1928 observada en cultivos de *Penicillum notatum*, es un parte aguas en la historia de la medicina ya que permitió la purificación y producción industrial del la primera sustancia con actividad antibacterial. Este hito científico a su vez propició un gran impacto en la salud pública ya que ha permitido abatir de manera importante los índices de morbi-mortalidad asociados a infecciones bacterianas, destinándose considerables recursos humanos y económicos en la investigación de nuevos fármacos con propiedades bactericidas-bacteriostáticas, así como en la dilucidación de los mecanismos de acción de estos compuestos

A nivel global, de las especies vegetales clasificadas taxonómicamante, se sabe que más de 13,000 han sido utilizadas indirecta o directamente como drogas (Tyler, 1994). El tratamiento que ofrece la medicina alopata, está basado 25% en el empleo de extractos vegetales, derivados, tes o compuestos puros (como la morfina, codeina, vincristina o vinplastina). La química desarrollada por los vegetales, ha servido también para la síntesis química *in vitro* de otras drogas como la tropicamina, cloroquina (derivada de la quinina), procaína y tetracaína (sintetizadas a partir de la cocaína) (Kutchan, 1994).

Debido a este potencial de los vegetales superiores, diversas instituciones, centros de investigación y firmas comerciales, iniciaron amplios programas de búsqueda de precursores de los compuestos más utilizados en su momento. De acuerdo a Wall (1998), una investigación realizada durante el periodo de 1950 a 1959, en el Laboratorio Regional de Investigación del Este del estado de Filadelfia (ERRL, Eastern Regional Research Laboratory) de los Estados Unidos (USA). Se colectaron varios miles de ejemplares al azar en todo el mundo, los que fueron clasificados por taxónomos del ERRL. Entre otros se buscó la presencia de extractos precursores de esteroides como la cortisona, alcaloides, taninos, flavonoides (Wall, Krider, Krewson, Eddy, Willaman, Correl, et al., 1954). A la par de la investigación química, se realizaron ensayos para evaluar la actividad antiviral, antitumoral y bactericida de los principios activos purificados.

Posteriormente con la creación de la Organización Mundial de la Salud (OMS) y la Organización Panamericana de la Salud (OPS), los gobiernos de los distintos estados miembros de estas organizaciones internacionales, han desarrollado y unido esfuerzos institucionales y privados para encontrar y desarrollar fármacos para el control de las enfermedades infecciosas.

La resistencia a los agentes antimicrobianos: Un nuevo paradigma en el control de las enfermedades infecciosas

El fenómeno de resistencia bacteriana (Figura 10) se identificó como un problema de salud pública poco tiempo después de la introducción de los antibióticos para el tratamiento terapéutico de las enfermedades infecciosas. Se conoce en la actualidad que la resistencia bacteriana a los agentes antimicrobianos puede estar mediada entre otros mecanismos, por la adquisición de mutaciones en el genoma que le confiere una resistencia intrínseca a algunos antibióticos. En 1950, el descubrimiento de plásmidos y su participación en la transferencia de genes por conjugación, transducción o transformación, demostró la participación de elementos extracromosomales involucrados en la resistencia a fármacos. Por otra parte en estudios retrospectivos al empleo masivo de antibióticos, se han purificado plásmidos, encontrándose que la mayoría de éstos no tienen determinantes de resistencia (Hall, Recchia, Collis, Brown & Stokes, 1996).

La rápida aparición de cepas resistentes puede considerarse como una consecuencia natural en respuesta a la utilización masiva de fármacos en el tratamiento de enfermedades infecciosas, provocando involuntariamente una liberación de importantes concentraciones de fármacos al medio ambiente (Calva, Niebla-Perez, Rodriguez-Lemoine, Santos & Amabile-Cuevas, 1996).

El reciente descubrimiento y demostración experimental de que algunos derivados peptídicos poseen actividad antimicrobiana, ofrece un campo interesante en primera instancia para dilucidar su mecanismo de acción y en segunda, analizar la posible emergencia de cepas de microorganismos recientes a esta nueva presión de selección. Desde un punto de vista Darwiniano, es posible que esto ocurra.

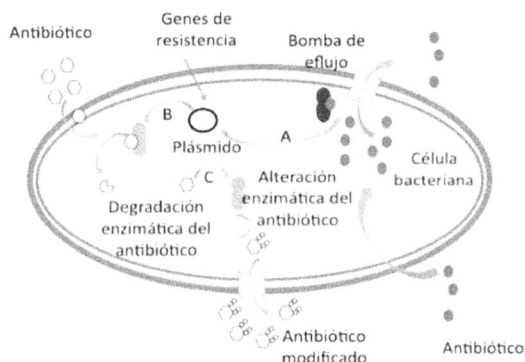

Figura 10. Posibles mecanismos de resistencia bacteriana a una amplia variedad de antibióticos. (a) Varios genes pueden codificar para proteínas integrales de membrana asociadas a sistemas activos de eflujo, (b) degradación enzimática del fármaco, (c) alteración química, la cual puede provocar su inactivación. De manera general se acepta que los genes de resistencia a antibióticos son principalmente codificados por plásmidos. No obstante, el cromosoma bacteriano participa en el fenotipo de resistencia a FQs. La transmisión de este fenotipo puede ser adquirido por un proceso de segregación Mendeliana, por mutaciones al azar, por la movilización genética y por conjugación con otras bacterias. Adaptación de Levy (1998)

Nuevo enfoque de la actividad antibacterial: Los compuestos peptídicos

Como se sabe y es reconocido por los bioquímicos, las proteínas son esenciales para el desarrollo y sustentabilidad de la vida en cualquiera de sus manifestaciones. Estas constituyen la maquinaria molecular a nivel de monómeros y polímeros que en el cuerpo humano, dirigen y controlan la mayoría de las funciones biológicas, a nivel de la unidad fundamental de los organismos vivos, la célula. En su conjunto, es evidente su participación en la fisiología en los tejidos, órganos o sistemas. En el caso del ser humano, como organismo heterótrofo por excelencia, para su metabolismo es necesaria la incorporación de amino ácidos esenciales como parte de su dieta diaria, complementada con lípidos y carbohidratos, como fuente de energía (Silano & De Vincenzi, 1999).

Actualmente se reconoce que los péptidos con actividad antibacterial, son los principales componentes de la respuesta inmune innata y que más de 400 péptidos con actividad antibacterial se han descubierto a partir de extractos de tejidos de varias especies, desde plantas hasta mamíferos (Hoffmann, Katatos, Janeway & Ezekowitz, 1999).

En 1981, fue dada a conocer la secuencia de aminoácidos de Cecropina A y B, la cual fueron deducidas a partir de extractos de mariposas nocturnas, comúnmente conocidas como polillas. Este fue el primer reporte de péptidos que mostraron una importante actividad citotóxica contra células procariotas (Steiner, Hultmark, Engström, Bennich & Boman, 1981). La magainina, aislada de *Xenopus sp*, constituyó el primer péptido con actividad antibacterial aislado de un vertebrado. Este descubrimiento fue posible dado a que se observó que algunos especímenes de *Xenopus sp*, sometidos a la extracción quirúrgica de oocitos, no presentaban signos evidentes de infección o inflamación, a pesar que el procedimiento quirúrgico se efectuara en un ambiente no estéril (Zasloff, 1987).

Derivado de lo anterior, recientemente se ha acuñado el acrónimo AMP (Antimicrobial peptide, por su siglas en inglés). Estos son antibióticos naturales generados por organismos vivos ante la presión selectiva ante la presencia de microorganismos patógenos que colonizan o invaden su sistema. Constituyen en su conjunto un importante grupo de moléculas efectoras del sistema inmune, tanto de vegetales como de animales, con una amplia diversidad de estructura como de modo de acción.

Con base a estudios de identidad y conservación de sus secuencias de aminoácidos, complementadas con la estructura tridimensional de los AMPs, se han agrupado para su estudio en las siguientes familias:

- Defensinas
- Tioninas
- Proteínas transferidoras de lípidos
- Ciclótidos
- Péptidos similares a knotinas

Actualmente se ha encontrado que los AMPs tienen un espectro de actividad antibacterial amplio, lo que constituye un potencial hasta ahora inédito para el desarrollo y producción por procedimientos biotecnológicos de nuevas generaciones de fármacos.

Modelo sugerido del mecanismo general de acción de los AMPs

La mayoría de los péptidos antimicrobianos, poseen dos características químicas importantes, una carga positiva obtenida de los residuos de aminoácidos básicos y al mismo tiempo ser anfipáticos, dada la posibilidad de contar con residuos hidrofóbicos o hidrofílicos.

Se considera que la carga positiva, es una de sus principales características que contribuyen selectivamente contra la célula procariota. Un ejemplo de ello, es la melitina, componente principal del veneno de las abejas *(Apis mellifera),* la cual es eléctricamente neutra, sin embargo: muestra una importante actividad citotóxica contra las células de mamíferos, además de su demostrada actividad antibacterial.

Como se sabe, la membrana de la célula procariota, es eléctricamente negativa, por lo cual los péptidos catiónicos antimicrobianos se unen selectivamente a la membrana bacteriana, formando un complejo bacteria-defensina (CBD), esto no sucede con la célula eucariota debido a su carga eléctrica neutra (Matsuzaki, 2001).

La formación del CBD, tiene como consecuencia la formación de poros en la membrana bacteriana, incrementándose la permeabilidad celular y posteriormente la muerte, como se muestra en la figura 11.

Estudios recientes, han permitido la síntesis de AMPs sintéticos, como el péptido mDB-6, con una potente actividad bactericida contra *E. coli* a una concentración de 20 ug/mL Ensayos de inhibición de crecimiento han sugerido que la actividad antimicrobiana particularmente de las defensinas es un fenómeno sal-dependiente. Alta concentración de NaCl disminuye la actividad antimicrobinana de la mayoría de las isoformas de las defensinas como hBD-2, hBD-1 y mBD-2 (Valore, Park, Quayle, Wiles, McCray & Ganz, 1998; Harder, Bartels, Christophers & Schröder, 1997; Bals, Wang, Wu, Freeman, Bafna, Zasloff et al., 1998a; Bals, Goldman & Wilson, 1998b).

No obstante, los estudios más recientes, han aportado las primeras evidencias de que las defensinas hBD-3 y HNP tienen actividad antimicrobiana debido a la inhibición de la síntesis de la pared celular (Sass, Schneider, Wilmes, Körner, Tossi, Novikova, et al., 2010; de Leeuw, Li, Zeng & Li, 2010), lo cual es evidente corresponde a un mecanismo completamente diferente al señalado en la figura 11.

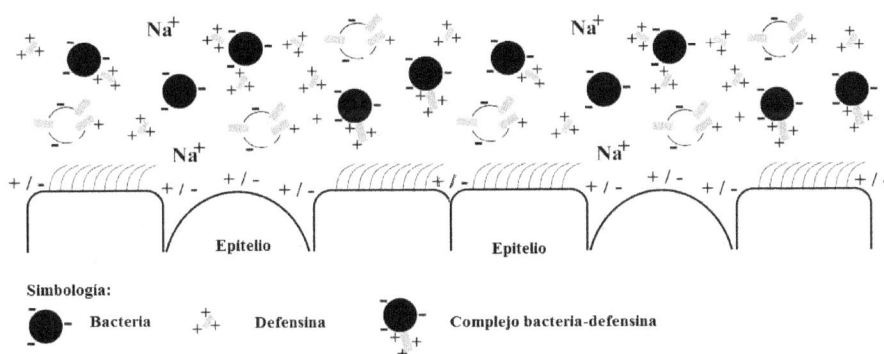

Figura 11. Modelo sugerido para el mecanismo de acción de las defensinas. Los péptidos catiónicos antimicrobianos se unen selectivamente a la membrana eléctricamente negativa de la bacteria, mientras que la célula del epitelio, como se muestra en la imagen posee una carga neutra. La formación del complejo bacteria defensina, origina poros en la membrana bacteriana. Adaptación de Yasuhiro & Yasuyoshi (2012)

Actividad antibacterial: Opciones para la investigación en alimentos funcionales

Recientemente, se ha reportado que los alimentos funcionales (AF), además del valor nutritivo, aportan beneficios a las funciones fisiológicas del organismo humano, entre sus componentes se encuentran los denominados péptidos bioactivos (PBAs), purificados o como componentes de hidrolizados proteínicos.

La propiedad antibacterial o estimulante de la proliferación celular de los BPAs por un mecanismo aún desconocido, permiten sugerir la investigación en modelos *in vitro* del papel de los hidrolizados peptídicos sobre los microorganismos (Salazar-Aranda, Pérez-López,

López-Arroyo, Alanís-Garza & Waksman, 2009; Des-Raj, Minhui, Li-Hui, Geert-Jan, Dipika & Roman, 2011).

Cultivos bacterianos: un modelo in vitro para el estudio de la propiedad antibacterial de derivados de los alimentos funcionales

Curva típica de crecimiento bacteriano

El comportamiento típico del crecimiento celular de la célula procariota puede ser analizado *in vitro* de prácticamente cualquier especie de bacteria, mediante su seguimiento en un trazo gráfico impreso o digital que comúnmente se conoce como "Curva típica de crecimiento bacteriano" (CTCB). Ésta se puede obtener en cultivos líquidos o sólidos, de acuerdo a los intereses del grupo de investigación.

Bajo condiciones controladas de temperatura, aireación, pH, luz, tiempo y nutrimentos es posible evaluar la respuesta del espécimen a condiciones de estrés a elección del investigador, lo cual hace a este sistema sumamente bondadoso, económico y con resultados en relativamente poco tiempo.

Esencialmente se conoce que la célula procariota se divide por fisión binaria dando origen a dos células hijas, las cuales a su vez se vuelven a dividir resultando dos células más, lo cual define este tipo de crecimiento celular como geométrico o exponencial. Sin embargo, antes de que la célula entre en esta condición de crecimiento, es necesario que se cumplan algunas condiciones, las cuales definen las fases de la CTCB, como de latencia o retardo *(lag)*, exponencial, estacionaria y decaimiento o muerte celular. Estas fases están limitadas por el consumo y el agotamiento de nutrimentos o por la acumulación de metabolitos tóxicos de la misma población en proliferación. La consecuencia es que el crecimiento al cabo de un cierto tiempo llega a disminuir hasta detenerse (Figura. 12).

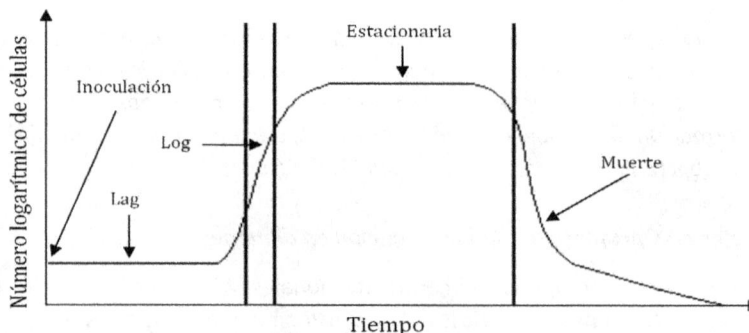

Figura 12. Fases del crecimiento bacteriano

Fase de latencia (lag): Como un mecanismo de adecuación al ambiente *in vitro* las células requieren de la síntesis de nuevas enzimas y metabolitos necesarias para reiniciar el crecimiento y para la utilización de los nutrimentos que en abundancia se encuentran en el medio de cultivo sólido o líquido. Este periodo se puede prolongar en el caso de que el medio de cultivo previo y las condiciones actuales resulten tan diferentes que las células sean genéticamente incapaces de sobrevivir, por lo que sólo unas cuantas mutantes podrán subsistir, y obviamente se requerirá más tiempo para que éstas se multipliquen lo suficiente y sea notorio el incremento en biomasa.

Fase exponencial: En esta fase las células se encuentran en un estado de crecimiento sostenido. Se sintetiza nuevo material celular a una tasa constante y la biomasa masa aumenta de manera exponencial. Lo anterior continúa hasta que uno o más nutrimentos comienzan a agotarse y/o la concentración de metabolitos bacterianos se van adicionando al medio de cultivo, lo cual se hace evidente con el descenso paulatino de la biomasa. En este momento las células en proliferación se están preparando para entrar a la siguiente fase.

Fase estacionaria: El crecimiento celular comenzará a disminuir hasta hacerse prácticamente nula. Esto es como consecuencia del agotamiento de nutrimentos en el medio y/o el acumulo de metabolitos tóxicos. La cifra de células viables se mantiene constante, aunque en realidad en el conteo aumente poco a poco el número de células, si se cuentan también las muertas. La duración de esta fase depende de la naturaleza del microorganismo y de las condiciones del medio.

Fase de muerte celular: Esta fase, también es conocida como fase de declinación, la cual representa la disminución del número de células debido al aumento progresivo de la tasa de mortalidad, misma que tarde o temprano alcanza un valor sostenido. Por lo general, una vez que la mayoría de las células ha muerto, la tasa de mortalidad disminuye bruscamente, por lo que un número pequeño de sobrevivientes pueden persistir en cultivo por meses o años. Dicha persistencia puede deberse a que las células consiguen crecer gracias a los nutrimentos liberados por las células que mueren.

Con este sistema *in vitro* de crecimiento celular, es posible obtener dos variables que son fundamentales para la evaluación de crecimiento bacterial ante distintos retos experimentales: el tiempo de duplicación celular y la velocidad específica de crecimiento (Mahon, Lehman & Manuselis, 2010).

Ambas variables, dependen del tipo de microorganismo que se trate y diversos factores ambientales como son la temperatura, el pH, oxigenación, etc.

Cinética de crecimiento microbiológico para la evaluación de los biopéptidos como fuente de carbono o energía

El efecto de los biopéptidos en la estimulación del crecimiento celular, tanto en células procariotas como eucariotas, puede ser monitoreado y evaluado mediante el registro de las fluctuaciones en el incremento o no de biomasa en un tiempo dado, lo que se conoce como cinética de crecimiento, así como simultáneamente registrar el agotamiento o la desaparición del biopéptido en el medio de cultivo.

Los microorganismos debido a su diversidad metabólica, son capaces de desarrollarse en una amplia gama de sustratos, sin embargo este crecimiento y otras actividades fisiológicas está determinada por su entorno físico-químico. De esta forma la velocidad específica de crecimiento (μ) está en función de la concentración de los compuestos químicos, siguiendo el comportamiento descrito por el modelo de Monod, lo cual de entrada abre la posibilidad del análisis de los biopéptidos y su efecto estimulante o inhibitorio de la proliferación celular.

$$\mu = \mu_{max}\,(S/[Ks + S])$$

En donde:

  μ = velocidad específica de crecimiento
  μ_{max} = velocidad máxima de crecimiento
  S = Concentración del sustrato
  Ks = Constante cinética cuando la concentración del sustrato es igual a μ=0.5 μ_{max}

Para emplear la ecuación de Monod, es necesario conocer la velocidad específica de crecimiento (μ), esta variable, se puede calcular mediante una sencilla ecuación, en la cual se tiene:

$$td = \ln 2/\mu$$

En esta ecuación *td*, es conocido como tiempo de duplicación y está definido como el tiempo necesario para duplicar la masa celular. Esta variable como fue mencionado en su oportunidad, puede ser obtenida a partir de la evaluación de la curva típica de crecimiento bacteriano.

Desde el punto de vista de la interacción de los biopéptidos, en el modelo de Monod, existen dos variables que tienen un importante papel, tanto desde el punto de vista físico como químico. μ_{max} es referida como la máxima velocidad de crecimiento en un medio químicamente definido, a temperatura y pH conocido. El valor de *Ks*, es inversamente proporcional a la afinidad del microorganismo por el sustrato de su nicho ecológico. De esta forma, se ha observado que, cuando existe un exceso en la concentración de un sustrato orgánico, superior al valor de *Ks*, se presenta el fenómeno de crecimiento bien sea exponencial o logarítmico. Por otra parte, si la densidad celular es mucho mayor que la concentración del sustrato, éste último es incapaz de soportar un incremento significativo en la biomasa. Cuando esto ocurre, la cinética de desaparición de un compuesto químico existente en altas concentraciones es de orden cero, o se vuelve lineal con el tiempo.

Se han observado dos patrones cinéticos, cuando una sola especie bacteriana es crecida en un medio con un sustrato mineralizable en concentraciones debajo del valor de *Ks*.

- No se observa incremento en el número de células por la baja concentración de sustrato. El número inicial de células (inóculo) fue demasiado grande con relación a la cantidad del sustrato como para permitir apreciar un incremento significativo en la biomasa. A una biomasa constante con ciertos niveles del sustrato limitante, la velocidad de crecimiento es proporcional a la concentración del sustrato, en lo que se conoce como una cinética de primer orden.

- En un segundo caso se observa, que cuando el tamaño del inóculo es pequeño, bajo estas condiciones la población bacteriana puede desarrollarse, pero a una velocidad especifica de crecimiento fluctuante, con una disminución en la concentración del sustrato.

Factores que posiblemente afectan la cinética de biodegradación de los biopéptidos

Si el biopéptido tiene actividad que favorece la proliferación celular, entonces es conveniente disponer de un modelo que permita analizar su degradación.

Como se sabe, la persistencia de un compuesto en el ambiente, bien sea en medio líquido o sólido y su velocidad de degradación por la actividad microbiológica, están determinadas por algunos factores importantes inherentes tanto al microorganismo como a sus enzimas, para el caso particular de los biopéptidos, aún es necesario implementar este tipo de modelo *in vitro*, para obtener resultados concluyentes:

- La disponibilidad del sustrato.
- La cantidad.
- El nivel de actividad.

En el primer caso, la disponibilidad del compuesto para el microorganismo, está determinado por sus propiedades químicas observables en el medio de cultivo, como son su solubilidad en agua, velocidad de disolución, adsorción/desorción (Cork & Krueger, 1991). Por otra parte, en el segundo caso, se ha observado que la velocidad de biodegradación de compuestos orgánicos disponibles, está directamente relacionado con la cantidad de biomasa microbiana y el nivel de actividad que ésta presente sobre el sustrato (Anderson, 1984). Adicionalmente se ha demostrado que algunos factores físico-químicos como el pH, temperatura, humedad y composición del suelo, son importantes reguladores tanto de la actividad microbiológica, como de la velocidad de degradación del compuesto químico (Cork & Krueger, 1991). Para los fines particulares de este tipo de modelo, aun es necesario realizar experimentos concluyentes sobre la inhibición o estimulación de la proliferación celular de los biopéptidos.

Características del sustrato

Estructura

Se ha observado que la alteración por mínima que sea, de la estructura química de un sustrato orgánico, afecta su degradación de manera importante. Por ejemplo, la introducción de grupos polares OH, COOH y NH2 pueden proporcionar al sistema microbiológico de un sitio de ataque del tipo nucleofílico. Sin embargo, la adición de grupos alquílicos o alogénicos, pueden favorecer molecularmente al sustrato al convertirlo en más resistente a la biodegradación (Bollag, 1974). En el caso de los compuestos aromáticos, la velocidad de degradación, esta relacionada con la posición del sustituyente y el grado de sustitución (Cork & Krueger, 1991).

Solubilidad

De manera general, se considera que los compuestos con una menor solubilidad son más resistentes a la degradación que aquellos compuestos con solubilidad alta. Esto se puede interpretar como que aquellos compuestos con baja solubilidad no ofrecen una adecuada fuente de carbono para favorecer el crecimiento de los microorganismos. Por otra parte, una baja concentración del sustrato en el ambiente, puede originar un decremento en la velocidad de penetración por unidad de tiempo a la célula, lo cual impediría la acción de la maquinaria, sobre todo de aquellas enzimas intracelulares que participan en el intercambio energético. Bajo estas condiciones, los microorganismos que se localizan en substratos con baja solubilidad, deben evidenciar ciertas modificaciones para hacer frente a esta presión selectiva. Mientras que algunas bacterias producen emulsificantes, otras originan modificaciones a su superficie celular para incrementar su afinidad por moléculas hidrofílicas y facilitar su absorción. Cuando los organismos crecen únicamente a expensas de sustratos solubles, la velocidad de disolución puede limitar su velocidad de degradación (Cork & Krueger, 1991).

Velocidad de adaptación

Entender bajo qué mecanismos, los microorganismos responden a las presiones selectivas, en este caso representadas por la adición de biopéptidos al medio de cultivo, es fundamental para poder predecir los promedios de degradación o no del hidrolizado peptídico. Se espera que la degradación de estos compuestos sea precedida por un periodo de aclimatación, representada por la fase *lag* en la curva típica de crecimiento. Este periodo para una población microbiológica, puede ser afectado por el promedio y la frecuencia de exposición al hidrolizado peptídico.

Humedad, temperatura y nutrimentos

La actividad puede ser influenciada por los cambios en ciertos factores físicos como la temperatura o el pH. Esta situación puede determinar que un compuesto potencialmente metabolizable como son los biopéptidos pueda o no ser utilizado como fuente de carbono o energía por una o varias poblaciones de microorganismos. Así mismo otros elementos como el porcentaje de materia orgánica, nivel de nutrimentos y humedad, tienen una actividad reguladora importante sobre la actividad degradativa de los microorganismos.

Generalmente se ha encontrado también, que la velocidad de degradación de un compuesto está relacionado en medios líquidos en los cuales, existe una apropiada cantidad de nutrimentos y de microorganismos degradadores (Cork & Krueger, 1991).

Efecto proliferativo de hidrolizados peptídicos de Mucuna pruriens en E.coli

Resultados preliminares, obtenidos por el grupo de trabajo de la Red de Biopétidos, conformada por el cuerpo académico de Fisiología y Fisiopatología de la Facultad de Medicina de la Universidad Autónoma de Morelos y el Cuerpo Académico de Desarrollo Alimentario de la Universidad de Yucatán, permiten sugerir la participación de hidrolizados peptídicos *de Mucuna pruriens*, mejor conocido como frijol terciopelo, al favorecer la proliferación celular.

Las cepas utilizadas fueron *Escherichia coli ATCC* 8739 NCIMB 50125 y *Salmonella abony* NCTC 6017 NCIMB 50134, donadas por el Laboratorio de Análisis Clínicos del Hospital del Niño Morelense, previamente caracterizadas por su sensibilidad a fluoroquinolonas (FQs). (Wetzstein, 2005). Se utilizaron las enzimas comerciales, Alcalase® y Flavourzyme® de Sigma Chemical Co., (St. Louis, MO, USA) y Merck (Darmstadt, Germany), respectivamente, para la hidrólisis de extractos de *M. pruriens* con tres tratamientos enzimáticos (Alcalase®, Flavourzyme® y Alcalase® + Flavourzyme®) y dos tiempos de hidrólisis (90 y 120 minutos). Estos hidrolizados fueron obtenidos por los miembros de la Red de Biopéptidos de la Facultad de Ingeniería Química de la Universidad de Yucatán.

Cada cepa *(E.coli ATCC* 8739 NCIMB 50125 y *S.abony* NCTC 6017 NCIMB 50134), fue inoculada por estría en caja petri con agar Luria Bertani (LB) previamente preparada con una concentración final de 3 µg/mL para cada uno de los seis hidrolizados de PBA. La concentración del fármaco fue calculada tomando como base la susceptibilidad reportada a FQs (Wetzstein, 2005). En ambos casos, se inocularon cajas con agar LB sin PBA, como control positivo. Las cajas con el inóculo se incubaron a 37ºC efectuándose la lectura 24 horas después. No existen reportes previos de la actividad antibacterial de los PBAs de *M.pruriens*, por lo cual los resultados reportados en este trabajo, son inéditos. En cada uno de los tratamientos y su control positivo, se observó proliferación de incontables UFC (Unidades Formadoras de Colonias) tanto para las cajas petri inoculadas con *E.coli ATCC* 8739 NCIMB 50125 como con *S.abony* NCTC 6017 NCIMB 50134. Lo anterior, a pesar de que las concentración final de cada PBA (3 µg/mL) para cada tratamiento, fue superior en dos órdenes de magnitud a la CMI (Concentración Mínima Inhibitoria) reportada para ambas cepas (FQs: Sarafloxacina, Pradofloxacaina, Danofloxacina, Difloxacina, Enrofloxacina, Ciprofloxaciana y Moxifloxacina). Estos datos permiten sugerir que contrario a lo reportado en la literatura, los PBAs obtenidos por hidrólisis enzimática de extractos proteínicos de *M.pruriens*, más que actividad antimicrobiana, podrían estar relacionados con la estimulación de la proliferación celular (Figuras 13 y 14), sin embargo es necesario desarrollar más experimentos en los modelos biológicos que se han descrito previamente.

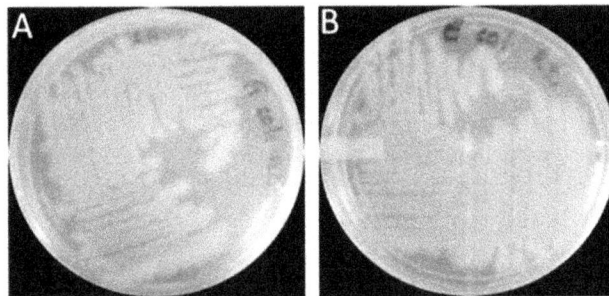

Figura 13. Escherichia coli ATCC 8739 en medio de cultivo agar LB como control positivo (A) y suplementado (B) con el hidrolizado 5 de Mucuna pruriens

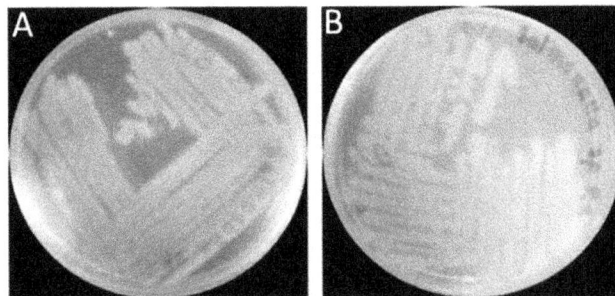

Figura 14. Salmonella abony NCTC 6017 NCIMB 50134 inoculada en medio de cultivo agar LB como control positivo (A) y suplementado (B) con el hidrolizado 6 de Mucuna pruriens

4. Conclusión

Los avances metodológicos en los procedimientos de cultivos celular, han establecido las condiciones adecuadas para el cultivo de diferentes poblaciones celulares, entre las que destacan queratinocitos, células endoteliales, fibroblastos, neuronas, miocitos, hepatocitos, etc. Contar con las condiciones de propagación permite establecer poblaciones homogéneas con lo cual es posible realizar estudios bioquímicos. Los diferentes procedimientos establecidos actualmente brindan la oportunidad de caracterizar efectos antiproliferativos, antiapoptóticos, citotóxicos, antioxidantes y efectos antibióticos que combinados con estrategias experimentales de alta capacidad y eficiencia (High Throughput Screening, por sus siglas en inglés) adecuadamente estandarizados tanto de aislamiento, cultivo, caracterización y detección de respuestas celulares o de marcadores selectivos de respuestas celulares abren la posibilidad de identificar nuevos compuestos con posibles aplicaciones en el campo de la salud, particularmente relevante el desarrollo de alimentos funcionales con el objetivo de controlar enfermedades crónico degenerativas o disminuir sus complicaciones.

Agradecimientos

Agradecimiento especial a las siguientes personalidades: Dr. Luis Chel Guerrero, Dr. David Betancur Ancona, Dr. Juan Torruco Uco, M en C. Saulo Galicia Martínez, Biol. Elizabeth Negrete León, quienes participaron activamente en la producción de los hidrolizados así como Francisco Iñigo García Esquivel por su participación en los ensayos *in vitro* y el diseño de figuras. Así mismo, a las entidades que brindaron el apoyo económico para la realización del proyecto: RUBIO-PHARMA, PROMEP, FARMED-CONACYT.

Referencias

Alberts, B., Johnson, A., Lewis, J., Raff, M., Roberts, K., & Walter, P. (2008). *Molecular Biology of the Cell*. 5th ed., New York, Garland Science.

Alho, H., & Leinonen, J. (1999). Total antioxidant activity measured by chemiluminescence methods. *Method. Enzymol., 299,* 3-15. http://dx.doi.org/10.1016/S0076-6879(99)99004-3

Altman J. (2006). Endocrine receptors as targets for new drugs. *Neuroendocrinology, 83*, 282-8. http://dx.doi.org/10.1159/000095337

Amabile-Cuevas, CF. (2012). Antibiotic Resistance: From Darwin to Lederberg to Keynes. Microb Drug Resist. Fundación Lusara , Mexico City, México. http://dx.doi.org/10.1089/mdr.2012.0115

Ames, B.N., Shigenaga, M.K., & Hagen, T.M. (1993). Oxidants, antioxidants, and the degenerative diseases of aging. *Proc. Natl. Acad. Sci. USA, 90,* 7915-7922. http://dx.doi.org/10.1073/pnas.90.17.7915

Anderson, J. (1984). Herbicide degradation in soil: influence of microbial biomass. *Soil Biol. Biochem., 16,* 483–489. http://dx.doi.org/10.1016/0038-0717(84)90056-7

Arencibia-Arrebola, D.F., Rosario-Fernández, L.A., & Curveco-Sánchez, D.L. (2003). Principales principios para determinar la citoxicidad de una sustancia, algunas consideraciones y su utilidad. *Retel.,* 40-53.

Bals, R., Wang, X., Wu, Z., Freeman, T., Bafna, V., Zasloff, M., & Wilson, J.M. (1998a). Human Odefensin 2 is a salt-sensitive peptide antibiotic expressed in human lung. *J. Clin. Invest., 102,* 874-880. http://dx.doi.org/10.1172/JCI2410

Bals, R., Goldman, M.J., & Wilson, J.M. (1998b). Mouse O-defensin 1 is a salt-sensitive antimicrobial peptide present in epithelia of the lung and urogenital tract. *Infect. Immun., 66,* 1225-1232.

Bayraktar, S., & Rocha-Lima, C.M. (2012). Emerging cell-cycle inhibitors for pancreatic cancer therapy. *Expert Opin. Emerg. Drugs, Nov., 5.*

Berridge, M.B., Tan, A.S., McCoy, K.D., & Wang, R. (1996). The biochemical and cellular basis of cell proliferation assay that the tetrazolium salts. *Biochemica, 4,* 14-19.

Bird, B.R., & Forrester, F.T. (1981). *Basic Laboratory Techiques in Cell Culture.* Departament of health and human services, CDC, Atlanta.

Bollag, J.M. (1974). Microbial Transformation of Pesticides. *Adv. Appl. Microbiol. 18,* 75-130. http://dx.doi.org/10.1016/S0065-2164(08)70570-7

Borg, J., Spitz, B., Hamel, G., & Mark, J. (1985). Selective culture of neurons from rat cerebral cortex: morphological characterization, glutamate uptake and related enzymes during maturation in various culture media. *Brain Res., Feb., 350(1-2),* 37-49.

Bougatef, A., Nedjar-Arroume, N., Manni, L., Ravallec, R., Barkia, A., Guillochon, D., & Nasri, M. (2010). Purification and identification of novel antioxidant peptides from enzymatic hydrolysates of sardinelle (Sardinella aurita) by-products proteins. *Food Chem., 118,* 559-565. http://dx.doi.org/10.1016/j.foodchem.2009.05.021

Brand, N.J. (1997). Myocyte enhancer factor 2 (MEF2). *Int. J. Biochem. Cell Biol., Dec., 29(12),* 1467-1470.

Brown, C.J., Lim, J.J., Leonard, T., Lim, H.C., Chia, C.S., Verma, C.S., & Lane, D.P. (2011). Stabilizing the eIF4G1 α-helix increases its binding affinity with eIF4E: implications for peptidomimetic design strategies. *J. Mol. Biol. Jan. 21, 405(3),* 736-753.

Calva, J.J., Niebla-Perez, A., Rodriguez-Lemoine, V., Santos, J.I., & Amabile-Cuevas, C.F. (1996). Antibiotic usage and antibiotic resistance in Latin America. En: Amabile-Cuevas, C.F. (Ed.). *Antibiotic resistance: from molecular basics to therapeutic option.* Chapman and Hall, 1st edition, R.G. Landes Company, USA, 73-97.

Chance, B., & Maehly, A.C. (1955). Assay of catalases and peroxidases. En: Colowick S.P., Kaplan N.O., (Eds.). Methods in enzymology. New York: Academic, 764-765.

Chelikani, P., Fita, I., & Loewen, P. C. (2004). Diversity of structures and properties among catalases. *Cell. Mol. Life. Sci. 61,* 192-208. http://dx.doi.org/10.1007/s00018-003-3206-5

Chen, Q., Vazquez, E.J., Moghaddas, S., Hoppel, C.L., & Lesnefsky, E.J. (2003). Production of reactive oxygen species by mitochondria: central role of complex III. *J. Biol. Chem., 278,* 36027-36031. http://dx.doi.org/10.1074/jbc.M304854200

Connie R.M., Lehman D.C., & Manusseli, G. (2010). *Textbook of Diagnostic Microbiology.* (4th Ed.). Saunders Elsevier.

Cork, D.J., & Krueger, J.P. (1991). *Microbial transformations of herbicides and pesticides. Advances in applied microbiology.* Academic, Press, Inc.

Davies, K.J. (1995). Oxidative stress: the paradox of aerobic life. *Biochem. Soc. Symp., 61,* 1-31.

deFazio, A., Leary, J.A., Hedley, D.W., & Tattersall, M.H. (1987). Immunohistochemical detection of proliferating cells in vivo. *J. Histochem. Cytochem., May., 35(5),* 571-577.

de Leeuw, E., Li, C., Zeng, P., & Li, C. (2010). Diepeveen-de Buin, M., Lu, W.Y., Breukink, E. & Lu, W. Functional interaction of human neutrophil peptide-1 with the cell wall precursor lipid II. *FEBS Lett., 584,* 1543-1548. http://dx.doi.org/10.1016/j.febslet.2010.03.004

Des-Raj, K., Minhui, W., Li-Hui, L., Geert-Jan, B., Dipika, G., & Roman, D. (2011). Peptidoglycan recognition proteins kill bacteria by activating protein-sensing two-component systems. *Nature Medicine, 17(6).*

Dong, S.Y., Zeng, M.Y., Wang, D.F., Liu, Z.Y., Zhao, Y.H., & Yang, H.C. (2008). Antioxidant and biochemical properties of protein hydrolysates prepared from Silver carp (Hypophthalmichthys molitrix). *Food Chem., 107,* 1485-1493. http://dx.doi.org/10.1016/j.foodchem.2007.10.011

Donia, M.S., Wang, B., Dunbar, D.C., Desai, P.V., Patny, A., Avery, M., & Hamann, M.T. (2008). Mollamides B and C, Cyclic hexapeptides from the indonesian tunicate Didemnum molle. *J. Nat. Prod., Jun., 71(6),* 941-945.

Driscoll, D.L., Steinkampf, R.W., Paradiso, L.J., Kowal, C.D., & Klohs, W.D. (1996). Lack of effect of corticosteroids and tamoxifen on suramin protein binding and in vitro activity. *Eur. J. Cancer, Feb., 32A(2),* 311-315.

Duchrow, M., Schlüter, C., Key, G., Kubbutat, M.H., Wohlenberg, C., Flad, H.D., & Gerdes, J. (1995). Cell proliferation-associated nuclear antigen defined by antibody Ki-67: a new kind of cell cycle-maintaining proteins. *Arch. Immunol. Ther. Exp. (Warsz), 43(2),* 117-121.

Duh, P.D. (1998). Antioxidant activity of burdock (Arctium lappa Linne): its scavenging effect on free radical and active oxygen. *J. Am. Oil. Chem. Soc., 75,* 455-465. http://dx.doi.org/10.1007/s11746-998-0248-8

Dulbecco, R., & Vogt, M. (1954). Plaque formation and isolation of pure lines with poliomyelitis viruses. J. *Exp. Med., 99(2),* 167-182. http://dx.doi.org/10.1084/jem.99.2.167

Eagle, H. (1955). Nutrition needs of mammalian cells in tissue culture. *Science, 122,* 501-514. http://dx.doi.org/10.1126/science.122.3168.501

Eagle, H. (1959). Amino acid metabolism in mammalian cell cultures. *Science, 130,* 432-437. http://dx.doi.org/10.1126/science.130.3373.432

Eagle, H. (1960). The sustained growth of human and animal cells in a protein-free environment. *Proc. Nat. Acad. Sci. USA, 46(4),* 427-432. http://dx.doi.org/10.1073/pnas.46.4.427

Elmastas, M., Gulcin, I., & Isildak, O. Radical scavenging activity and antioxidante capacity of Bay leaf extracts. *J. Iran Chem Soc., 3(3),* 1258-266.

Evans, M.S., Madhunapantula, S.V., Robertson, G.P., & Drabick, J.J. (2013). Current and future trials of targeted therapies in cutaneous melanoma. *Adv Exp Med Biol., 779*, 223-255. http://dx.doi.org/10.1007/978-1-4614-6176-0_10

Fink, S.L., & Cookson, B.T. (2005). Apoptosis, pyroptosis, and necrosis: mechanistic description of dead and dying eukaryotic cells. I*nfection and Immunity, 7,* 1907-1916. http://dx.doi.org/10.1128/IAI.73.4.1907-1916.2005

Fisher, H.W., Puck, T.T., & Sato, G. (1958). Molecular growth requirements of single mammalian cells: The action of fetuin in promoting cell attachment to glass. *Proc. Nat. Acad. Sci., 44(1),* 4-10. http://dx.doi.org/10.1073/pnas.44.1.4

Fita, I., & Rossman MG. (1985). The NADPH binding site on liver catalase. *Proc. Nat. Acad. Sci. USA, 82,* 1604-1608. http://dx.doi.org/10.1073/pnas.82.6.1604

Freshney, R.I. (2011). *Culture of Animal Cells: A Manual of basic technique and specialized applications (*6th Ed.). John Wiley and Sons Ltd.

Fridovich, I. (1974). *Superoxide dismutases. In: Advances in Enzymology* in Meister, A. (Ed.). 35-97. John Wiley & Sons, Hoboken, New Jersey, USA.

Genova, M.L., Ventura, B., Giuliano, G., Bovina, C., Formiggini, G., Parenti, C.G., & Lenaz, G. (2001). The site of production of superoxide radical in mitochondrial Complex I is not a bound ubisemiquinone but presumably iron-sulfur cluster N2. *FEBS Lett., 505,* 364-368. http://dx.doi.org/10.1016/S0014-5793(01)02850-2

Grossman, L.I., Watson, R., & Vinograd, J. (1974). Restricted uptake of ethidium bromide and propidium iodide by denatured closed circular DNA in buoyant cesium chloride. *J. Mol. Biol., Jun., 25, 86(2)*, 271-283.

Hadju, J., Wyss, S.R., & Aebi, H. (1977). Properties of human erythrocyte catalases after crosslinking with bifunctional reagents: symmetry of the quaternary structure. *Eur. J. Biochem., 80*, 199-207. http://dx.doi.org/10.1111/j.1432-1033.1977.tb11872.x

Hall, P.A., Levison, D.A., Woods, A.L., Yu, C.C., Kellock, D.B., Watkins, J.A., Barnes, D.M., Gillett, C.E., Camplejohn, R., Dover, R. et al. (1990). Proliferating cell nuclear antigen (PCNA) immunolocalization in paraffin sections: an index of cell proliferation with evidence of deregulated expression in some neoplasms. *J. Pathol., Dec., 162(4)*, 285-294.

Hall, R.M., Recchia, G.D., Collis, C.M., Brown, H.J., & Stokes, H.W. (1996). Gene cassettes and integrons: moving antibiotic resistance genes in gram-negative bacteria. En Amabile-Cuevas, C.F. (Ed.). *Antibiotic resistance: from molecular basics to therapeutic option*. Chapman and Hall, 1st edition, R.G. Landes Company, USA, 19-34.

Halliwell, B., & Gutteridge, J.M.C. (1990). Role of free radicals and catalytic metal ions in human disease: an overview. *Meth. Enzymol., 186*, 1-85. http://dx.doi.org/10.1016/0076-6879(90)86093-B

Hamanaka, R.B., & Chandel N.S. (2010). Mitochondrial reactive oxygen species regulate celular signalling and dictate biological outcomes. *Trends. Biochem. Sci., 35*, 505-513. http://dx.doi.org/10.1016/j.tibs.2010.04.002

Hanks, J.H. (1948). The longevity of chick tissue cultures without renewal of medium. *J. Cell Comp. Physiol., 31(2)*, 235-260. http://dx.doi.org/10.1002/jcp.1030310209

Harder, J., Bartels, J., Christophers, E., & Schröder, J.M. (1997). A peptide antibiotic from human skin. *Nature, 387*, 861. http://dx.doi.org/10.1038/43088

Harman, D. (1956). Aging theory based on free radical and radiation chemistry. *J. Gerontol., 11(3)*, 298-300. http://dx.doi.org/10.1093/geronj/11.3.298

Hertog, M.G.L., Feskens, E.J.M., Hollman, P.C.H., Katan, M.B., & Kromhout, D. (1993). Dietary antioxidant flavonoids and risk of coronary heart disease: the zupthen elderly study. *Lancet, 342*, 1007-1014. http://dx.doi.org/10.1016/0140-6736(93)92876-U

Hoffmann, J.A., Kafatos, F.C., Janeway, C.A., & Ezekowitz, R.A. (1999). Phylogenetic perspectives in innate immunity. *Science, 284*, 1313-1318. http://dx.doi.org/10.1126/science.284.5418.1313

Holm, M., Thomsen, M., Høyer, M., & Hokland, P. (1998). Optimization of a flow cytometric method for the simultaneous measurement of cell surface antigen, DNA content, and *in vitro* BrdUrd incorporation into normal and malignant hematopoietic cells. *Cytometry, May, 1, 32(1)*, 28-36.

Hsu, K.C. (2010) Purification of antioxidative peptides prepared from enzymatic hydrolysates of tuna dark muscle by-product. *Food Chem., 122,* 42-48. http://dx.doi.org/10.1016/j.foodchem.2010.02.013

Jacob, R.A., & Bum, B.J. (1996). Oxidative damage and defense. *American Journal of Clinical Nutrition, 63,* 985s-990s.

Je, J.Y., Park, P.J., & Kim, S.K. (2005) Antioxidant activity of a peptide isolated from Alaska pollack (Theragra chalcogramma) frame protein hydrolysate. *Food Res. Int., 38,* 45-50. http://dx.doi.org/10.1016/j.foodres.2004.07.005

Klompong, V., Benjakul, S., Yachai, M., Visessanguan, W., Shahidi, F., & Hayes, K. (2009). Amino acid composition and antioxidative peptides from protein hydrolysates of yellow stripe trevally (Selaroides leptolepis). *J. Food Sci., 74,* C126-C133. http://dx.doi.org/10.1111/j.1750-3841.2009.01047.x

Kushnareva, Y., Murphy, A.N., & Andreyev, A. (2002). Complex I-mediated reactive oxygen species generation: modulation by cytochrome c and NAD(P)+ oxidation-reduction state. *Biochem. J., 368,* 545-553. http://dx.doi.org/10.1042/BJ20021121

Kutchan, T.M. (1994). Alkaloid bioshyntesis-the bases for metabolic engineering of medicinal plants. *The plant cell., 7,* 1059-1070.

Lam, K.W., Wang, L., Hong, B.S., & Treble, D. (1993). Purification of phospholipid hydroxiperoxide glutathione peroxidase from bovine retina. *Curr. Eye. Res., 12(1),* 9-15. http://dx.doi.org/10.3109/02713689308999490

Lambeth, J.D. (2004). NOX enzymes and the biology of reactive oxygen. *Nat. Rev. Immunol. 4,* 181-189. http://dx.doi.org/10.1038/nri1312

Lardinois, O.M., Mestdagh, M., & Rouxhet, P.G. (1996). Reversible inhibition and irreversible inactivation of catalase in presence of hydrogen peroxide. *Biochim. Biophys. Acta, 1295,* 222-238. http://dx.doi.org/10.1016/0167-4838(96)00043-X

Levy, S.B. (1998). The challenge of the antibiotic resistance. *Scientific American, 278,* 32-39. http://dx.doi.org/10.1038/scientificamerican0398-46

Lin, M.T., & Beal, M.F. (2006). Mitochondrial dysfunction and oxidative stress in neurodegenerative diseases. *Nature, 443,* 787-795. http://dx.doi.org/10.1038/nature05292

Liu, Y., Fiskum, G., & Schubert, D. (2002). Generation of reactive oxygen species by the mitochondrial electron transport chain. *J. Neurochem., 80,* 780-787. http://dx.doi.org/10.1046/j.0022-3042.2002.00744.x

Lockshin, R.A., & Zakeri, Z. (2007). Cell death in health and disease. *Journal of cellular and molecular medicine, 11,* 1214-1224. http://dx.doi.org/10.1111/j.1582-4934.2007.00150.x

Lodish, H., Berk, A., Zipursky, L., Matsudaira, P., Baltimore, D., & Darnell J. (2002). Biología Celular y Molecular. 4 th Ed., New York, Freeman and Company eds., 595-597.

Madureira, A.R., Tavares, T., Gomes, A.M., Pintado, M.E., & Malcata, F.X. (2010). Invited review: physiological properties of bioactive peptides obtained from whey proteins. *J. Dairy Sci., Feb., 93(2),* 437-455. Review.

Margis, R., Dunand, C., Teixeira, F.K., & Margis-Pinheiro, M. (2008). Glutathione peroxidase family – an evolutionary overview. *FEBS J. 275,* 3959-3970. http://dx.doi.org/10.1111/j.1742-4658.2008.06542.x

Marklund, S.L. (1982). Human copper-containing superoxide dismutase of high molecular weight. *Proc. Natl. Acad. Sci. USA, 79,* 7634-7638. http://dx.doi.org/10.1073/pnas.79.24.7634

Matsuzaki, K. (2001). Why and how are peptide-lipid interactions utilized for self defense? *Biochem. Soc. Trans., 29,* 598-601. http://dx.doi.org/10.1042/BST0290598

Melik-Adamyan, W., Bravo, J., Carpena, X., Switala, J., Maté, M.J., Fita, I., & Loewen, P.C. (2001). Substrate flow in catalases deduced from the crystal structures of active site variants of HPII from *Escherichia coli. Proteins, 44,* 270-281. http://dx.doi.org/10.1002/prot.1092

Meng, T.C., Fukada, T., & Tonks, N.K. (2002). Reversible oxidation and inactivation of protein tyrosine phosphatases in vivo. *Mol. Cell, 9,* 387-399. http://dx.doi.org/10.1016/S1097-2765(02)00445-8

Mosmann, T. (1983). Rapid colorimetric assay for cellular growth and survival: application to proliferation and cytotoxicity assay. *J. Immunol. Methods, 65,* 55-63. http://dx.doi.org/10.1016/0022-1759(83)90303-4

Muller, F.L., Lustgarten, M.S., Jang, Y., Richardson, A., & Van Remmen, H. (2007). Trends in oxidative aging theories. *Free Radic. Biol. Med. 43,* 477-503. http://dx.doi.org/10.1016/j.freeradbiomed.2007.03.034

Murphy, M.P., Holmgren, A., Larsson, N.G., Halliwell, B., Chang, C.J., Kalyanaraman, B. et al. (2011). Unraveling the biological roles of reactive oxygen species. *Cell Metab., 13,* 361-366. http://dx.doi.org/10.1016/j.cmet.2011.03.010

Neve, J., Vertongen, F., & Molle, I. (1985). Selenium deficiency. *Clin. Endocrinol. Metab., 14,* 629-656. http://dx.doi.org/10.1016/S0300-595X(85)80010-4

Norton, F. (2000). Dye exclusión viability assays using a hemacytometer. *Tech. Note. Nalge. Nunc. International Corp., 3(25),* 67-68.

Olson, J.A., & Krinsky, N.I. (1995). Introduction: the colorful fascinating world of carotenoids: important biological modulators. *FEBS Letters, 9,* 1547-1550.

Omar, B.A., Flores, S.C., & McCord, J.M. (1992), Superoxide dismutase: Pharmacological developments and applications. *Adv. Pharmacol., 23,* 109-161. http://dx.doi.org/10.1016/S1054-3589(08)60964-3

Organización Panamericana de la Salud (2005). Criterios científicos para los ensayos de bioequivalencia (*in vivo* e *in vitro),* las bioexenciones y las estrategias para su implementación.

Palozza, P., & Krinsky, N.I. (1992). Antioxidant effects of carotenoids *in vivo* and *in vitro*: an overview. *Methods in Enzymology, 268,* 127-136.

Parker, C.T., & Sperandio, V. (2009). Cell-to-cell signalling during pathogenesis. *Cell Microbiol. Mar., 11,* 363-9.

Parker, R.C. (1961). *Methods od Tissue Culture.* Paul Haeber.

Perry, A.F., & Hegeman, A.D. (2007). *Enzymatic Reaction Mechanisms*. Oxford University Press.

Pihlanto, A., Akkanen, S., & Korhonen, H.J. (2008). ACE-inhibitory and antioxidant properties of potato (Solanum tuberosum). *Food Chem., 109,* 104-112. http://dx.doi.org/10.1016/j.foodchem.2007.12.023

Rangel, M., Prado, M.P., Konno, K., Naoki, H., Freitas, J.C., & Machado-Santelli, G.M. (2006). Cytoskeleton alterations induced by Geodia corticostylifera depsipeptides in breast cancer cells. *Peptides, Sep., 27(9),* 2047-2057.

Ratajczak, M.Z., Kim, C.H., Abdel-Latif, A., Schneider, G., Kucia, M., Morris, A.J. et al. (2012). A novel perspective on stem cell homing and mobilization: review on bioactive lipids as potent chemoattractants and cationic peptides as underappreciated modulators of responsiveness to SDF-1 gradients. *Leukemia, Jan., 26(1),* 63-72.

Ravella, D., Kumar, M.U., Sherlin, D., Shankar, M., Vaishnavi, M.K., & Sekar, K. (2012). SMS 2.0: an updated database to study the structural plasticity of short peptide fragments in non-redundant proteins. *Genomics Proteomics Bioinformatics, Feb., 10(1),* 44-50.

Repetto, M. (2002). *Toxicología Fundamental. Métodos alternativos, Toxicidad in vitro.* Sevilla, España: Ediciones Díaz de Santos, Enpses-Mercie Group. Tercera edición, 303-305.

Reuschenbach, M., Seiz, M., von Knebel-Doeberitz, C., Vinokurova, S., Duwe, A., Ridder, R. et al. (2012). Evaluation of cervical cone biopsies for coexpression of p16INK4a and Ki-67 in epithelial cells. *Int. J. Cancer, Jan., 15, 130(2),* 388-394.

Rice-Evans, C., Miller, N.J., Bolwell, P.G., Bramley, P.M., & Pridham, J.B. (1995) The relative antioxidant activity of plant-derived polyphenolic flavonoids. *Free Radical Research 22,* 375-383. http://dx.doi.org/10.3109/10715769509145649

Rice-Evans, C., & Miller, N.J. (1996). Antioxidant activities of flavonoids as bioactive components of food. *Biochemical Society Transactions, 24,* 790-795.

Rock, C.L., Jacob, R.A., & Bowen, P.E. (1996). Update on the biological characteristics of the antioxidant micronutrients: vitamin C, vitamin E, and the carotenoids. *Journal of the American Dietetics Association, 96,* 693-702. http://dx.doi.org/10.1016/S0002-8223(96)00190-3

Saija, A., Scalese, M., Lanza, M., Marzullo, D., & Bonina, F. (1995). Flavonoids as antioxidant agents: importance of their interaction with biomembranes. *Free Radic Biol Med., 19,* 481-486. http://dx.doi.org/10.1016/0891-5849(94)00240-K

Salazar-Aranda, R., Pérez-López, L.A., López-Arroyo, J., Alanís-Garza, B.A., & Waksman, T. (2009). Antimicrobial and Antioxidant Activities of Plants from Northeast of Mexico. *Evid Based Complement Alternat Med., 2011,* 1-6. http://dx.doi.org/10.1093/ecam/nep127

Sass, V., Schneider, T., Wilmes, M., Körner, C., Tossi, A., Novikova, N. et al. (2010). Human O-defensin 3 inhibits cell wall biosynthesis in Staphylococci. *Infect. Immun., 78,* 2793-2800. http://dx.doi.org/10.1128/IAI.00688-09

Schlüter, C., Duchrow, M., Wohlenberg, C., Becker, M.H., Key, G., Flad, H.D., & Gerdes, J. (1993). The cell proliferation-associated antigen of antibody Ki-67: a very large, ubiquitous nuclear protein with numerous repeated elements, representing a new kind of cell cycle-maintaining proteins. *J. Cell Biol., Nov., 123(3),* 513-522.

Silano, M., & De Vincenzi, M. (1999). Bioactive antinutritional peptides derived from cereal prolamins: a review. *Nahrung, Jun., 43(3),* 175-184.

Stoklosowa, S., Leško, J., Kusina, E., & Galas, J. (1995). Microcarrier culture: A different approach to granulosa cell cultivation. *Cytotechnology, Jun., 19(2),* 167-172.

St-Pierre, J., Buckingham, J.A., Roebuck, S.J., & Brand, M.D. (2002). Topology of superoxide production from different sites in the mitochondrial electron transport chain. *J. Biol. Chem., 277,* 44784-44790. http://dx.doi.org/10.1074/jbc.M207217200

Steiner, H., Hultmark, D., Engström, Å., Bennich, H., & Boman, H.G. (1981). Sequence and specificity of two antibacterial proteins involved in insect immunity. *Nature, 292,* 246-248. http://dx.doi.org/10.1038/292246a0

Suetsuna, K., Ukeda, H., & Ochi, H. (2000). Isolation and characterization of free radical scavenging activities peptides derived from casein. *J. Nutr. Biochem., 11,* 128-131. http://dx.doi.org/10.1016/S0955-2863(99)00083-2

Tenorio-Borroto, E., Peñuelas-Rivas, C.G., Vásquez-Chagoyán, J.C., Prado-Prado, F.J., García-Mera, X., & González-Díaz, H. (2012). Immunotoxicity, Flow Cytometry and Chemoinformatics: A Review, Bibliometric Analysis and a new model of drug cytotoxicity on macrophages. *Curr. Top. Med. Chem., Sep., 20.*

The UniProt Consortium (2012). Update on activities at the Universal Protein Resource(UniProt) in 2013. *Nucleic Acids Res., Nov., 17.* [Epub ahead of print] PubMed PMID: 23161681.

Traber, M.G., & Sies, H. (1996). Vitamin E in humans: demand and delivery. *Annual Reviews of Nutrition, 16,* 321-347. http://dx.doi.org/10.1146/annurev.nu.16.070196.001541

Trachootham, D., Alexandre, J., & Huang, P. (2009). Targeting cancer cells by ROS-mediated mechanisms: a radical therapeutic approach? *Nat. Rev. Drug Discov. 8,* 579-591. http://dx.doi.org/10.1038/nrd2803

Tizón, J.L., Clèries, X. & Neri, D. (2012). *¿Bioingeniería o medicina?: El futuro de lamedicina y la formación de los médicos.* Fundació Congrés Català de Salut Mental. Red Ediciones S.L.

Valore, E.V., Park, C.H., Quayle, A.J., Wiles, K.R., McCray, P.B. Jr., & Ganz, T. (1998). Human Odefensin-1: an antimicrobial peptide of urogenital tissues. *J. Clin. Invest., 101,* 1633-1642. http://dx.doi.org/10.1172/JCI1861

Van Craenenbroeck, E.M., Van Craenenbroeck, A.H., Van Ierssel, S., Bruyndonckx, L., Hoymans, V.Y., Vrints, C.J., & Conraads, V.M. (2012). Quantification of circulating CD34(+)/KDR(+)/CD45(dim) endothelial progenitor cells: Analytical considerations. *Int. J. Cardiol., Nov., 18.* doi:pii: S0167-5273(12)01422-2. 10.1016/j.ijcard.2012.10.047.

Ushio-Fukai, M. (2009). Novel role of NADPH oxidase in angiogénesis and stem/progenitor cell function. *Antioxid Redox Signal, 11,* 2517-2533. http://dx.doi.org/10.1089/ars.2009.2582

Vertechy, M., Cooper, M.B., Ghirardi, O., & Ramacci, M.T. (1993). The effect of age on the activity of enzymes of peroxide metabolism in rat brain. *Exp. Gerontol., 28(1),* 77-85. http://dx.doi.org/10.1016/0531-5565(93)90022-6

Wagner, A.H., Kautz, O., Fricke, K., Zerr-Fouineau, M., Demicheva, E., Guldenzoph, B.et al. (2009). Upregulation of glutathione peroxidasa offsets stretch-induced proatherogenic gene expression in human endothelial cells. *Arteriscler. Thromb. Vasc. Biol., 29,* 1894-1901. http://dx.doi.org/10.1161/ATVBAHA.109.194738

Wall, M.E. (1998). Camptothecin and taxol: Discovery to clinic. Research Triangle Institute. *Med. Res. Rev., 18(5),* 299-314. http://dx.doi.org/10.1002/(SICI)1098-1128(199809)18:5<299::AID-MED2>3.0.CO;2-O

Wall, M.E., Krider, M.M., Krewson, C.F., Eddy, C.R., Willaman, J.J., Correl, D.S., & Gentry, H. (1954). *J. Amer. Pharm. Assoc. 43,* 1.

Wang, G., Reed, E., & Li, Q.Q. (2004) Molecular basis of cellular response to cisplatin chemotherapy in non-small cell lung cancer (Review). *Oncol Rep., 12,* 955-65.

Weber, P., Bendich, A., & Schalch, W. (1996). Vitamin C and human health—a review of recent data relevant to human requirements. *International Journal for Vitamin and Nutrition Research, 66(1),* 19–30.

Weisiger, R.A., & Fridovich, I. (1973). Mitochondrial superoxide dismutase. *J. Biol. Chem., 248,* 4793-4796.

Wetzstein, H.G. (2005). Comparative Mutant Prevention Concentrations of Pradofloxacin and Other Veterinary Fluoroquinolones Indicate Differing Potentials in Preventing Selection of Resistance. *Antimicrobial Agents and Chemotherapy, 49(10)*. http://dx.doi.org/10.1128/AAC.49.10.4166-4173.2005

Wlodkowic, D., Skommer, J., & Darzynkiewicz, Z. (2012). Cytometry of apoptosis. Historical perspective and new advances. *Exp. Oncol., Oct., 34(3),* 255-262.

Wu, H.C., Chen, H.M., & Shiau, C.Y. (2003). Free amino acids and peptides as related to antioxidant properties in protein hydrolysates of mackerel (Scomber austriasicus). *Food Res. Int., 36,* 949-957. http://dx.doi.org/10.1016/S0963-9969(03)00104-2

Yasuhiro, Y., & Yasuyoshi, O. (2012). Antimicrobial peptide defensin: Identification of novel isoforms and the characterization of their physiological roles and their significance in the pathogenesis of diseases. *Proc. Jpn. Acad. Ser. Biol. Sci., 88.*

Zachara, B.A. (1991). Mamalian selenoproteins. *J. Trace. Elem. Electrolytes Health Dis., 6(3),* 137-145.

Zasloff, M. (1987). Magainins, a class of antimicrobial peptides from Xenopus skin: isolation, characterization of two active forms, and partial cDNA sequence of a precursor. *Proc. Natl. Acad. Sci. USA., 84,* 5449-5453. http://dx.doi.org/10.1073/pnas.84.15.5449

Zolnai, A., Tóth, E.B., Wilson, R.A., & Frenyó, V.L. (1998). Comparison of 3H-thymidine incorporation and CellTiter 96 aqueous colorimetric assays in cell proliferation of bovine mononuclear cells. *Acta. Vet. Hung., 46(2),* 191-197.

Capítulo 3

Propiedades bioactivas de hidrolizados de gluten de trigo

Silvina Rosa Drago[1,2,] Pablo Jorge Luggren[1], Javier Vioque Peña[1,3], David Betancur Ancona[4], Luis Chel Guerrero[4], Rolando José González[1]

[1.] Instituto de Tecnología de Alimentos -FIQ- Universidad Nacional del Litoral, Santa Fe, Argentina.

[2.] CONICET

[3.] Instituto de la Grasa (CSIC), Avda. Padre García Tejero 4, 41012-Sevilla, España.

[4.] Facultad de Ingeniería Química, Universidad Autónoma de Yucatán, México.

sdrago@fiq.unl.edu.ar, luggrenpablo@yahoo.com.ar, jvioque@cica.es, bancona@uady.mx, cguerrer@uady.mx, rolgonza@fiq.unl.edu.ar

Doi: http://dx.doi.org/10.3926/oms.85

Referenciar este capítulo

Drago, S.R., Luggren, P.J., Vioque Peña, J., Betancur-Ancona, D., Chel-Guerrero, L., & González R.J. (2013). Propiedades bioactivas de hidrolizados de gluten de trigo. En M. Segura Campos, L. Chel Guerrero & D. Betancur Ancona (Eds.), *Bioactividad de péptidos derivados de proteínas alimentarias* (pp. 83-109). Barcelona: OmniaScience.

1. Introducción

Existen en el mercado fuentes proteicas que se producen como subproductos de otros procesos y que resulta interesante modificar para ampliar su uso y aumentar su valor agregado.

El gluten de trigo representa aproximadamente el 72% de las proteínas del trigo. Es un subproducto del proceso de extracción del almidón, y está disponible en grandes cantidades y relativamente a bajo costo. Las últimas cinco décadas han visto el aumento de gluten como *commodity*, debido a su producción a través de la separación industrial a gran escala del almidón de trigo, conjuntamente con su secado controlado para retener sus propiedades funcionales. El gluten seco vital resultante es el más ampliamente utilizado en productos de panadería. Sin embargo, tanto el gluten vital (aquel que conserva sus propiedades viscoelásticas) como el modificado han encontrando un uso creciente como ingredientes alimentarios, brindando una gama de propiedades funcionales a un precio más modesto que el de otros ingredientes proteicos tales como la leche y las proteínas de soja (Day, Augustin, Batey & Wrigley, 2006).

El gluten vital se usa principalmente en la industria panadera, como mejorador de harinas débiles o para productos especiales que requieren alta concentración de gluten. El valor del gluten en esta aplicación depende de sus propiedades funcionales de cohesividad, viscoelasticidad y capacidad de formar films que retienen gas y humedad. Su propiedad cohesiva más su habilidad de amoldarse por calor lo hacen útil como ligante y texturizante en carnes y en proteínas vegetales texturizadas (Pecquet & Lauriere, 2003).

En todos estos roles las propiedades funcionales ligadas con la viscoelasticidad o vitalidad del gluten son de principal importancia (Popineau, Huchet, Larré & Bérot, 2002). Sin embargo, el gluten posee una baja solubilidad que limita su aplicación en distintos sistemas alimentarios. Por este motivo se han estudiado distintas alternativas para modificar su estructura y funcionalidad como la deamidación (Mimouni, Raymond, Merle-Desnoyers, Azanza & Ducastaing, 1994), la acetilación (Żukowska, Rudnik & Kijeński, 2008; Majzoobi, Abedi, Farahnaky & Aminlari, 2012) y la hidrólisis enzimática (Drago & González, 2001; Kong, Zhou & Qian, 2007a; 2007b). Otros estudios combinan la hidrólisis con tratamientos previos, evaluando la susceptibilidad de gluten modificado por deamidación a la hidrólisis enzimática (Liao, Qiu, Liu, Zhao, Ren & Zhao 2010; Liao, Wang & Zhao, 2012), la hidrólisis de gluten modificado por extrusión (Cui, Cui, Zhao, Zhao, & Chai, 2011); tratado térmicamente (Drago, González & Añon, 2008a; Wang, Wei, Li, Bian & Zhao, 2009; Zhang, Claver, Li, Zhu, Peng & Zhou, 2012), tratado por sonicación (Jin, Wang & Bian, 2011), entre otros.

Respecto a las propiedades funcionales de hidrolizados de gluten se han estudiado propiedades de solubilidad y de superficie, tales como espumado y emulsificación (Drago, González & Añón, 2008b y 2011; Kong, Zhou & Qian, 2007b; Wang, Zhao, Yang & Jiang, 2006; Mimouni et al., 1994), capacidad adhesiva (Nordqvista, Lawtherb, Malmströma & Khabbazc, 2012) y propiedades reológicas (Zhang, Li, Claver, Zhu, Peng & Zhou, 2010).

Por otra parte, la hidrólisis enzimática utilizando enzimas comerciales es una de las alternativas que permiten obtener péptidos bioactivos, conjuntamente con el proceso de fermentación y la digestión gastrointestinal *in vivo*. Los péptidos funcionales son parcialmente resistentes a la hidrólisis y son capaces de ejercer un efecto a nivel local en el tubo digestivo, o bien a distancia en el organismo, una vez que han ingresado en el sistema circulatorio (Fox & Flynn, 1992; Tirelli, De Noni & Resmini, 1997). Los péptidos producidos tienen características que dependen de la proteína hidrolizada (sustrato), de la enzima y de condiciones de hidrólisis (pH, temperatura, relación E/S, tiempo) que determinan el grado de hidrólisis (GH). Los péptidos pueden tener diferentes tipos de propiedades bioactivas, entre las que se destacan la inhibición de la Enzima Convertidora de Angiotensina I (ECA), que puede ser asociada a un efecto anti-hipertensivo, y las propiedades antioxidantes.

La hipertensión arterial es un problema de gran importancia socio-sanitaria, y constituye uno de los principales factores de riesgo cardiovascular (Chockalingam, 2008). Uno de los mecanismos antihipertensivos es la inhibición de la ECA I, que desempeña un papel muy importante en la regulación de la presión arterial (Torruco-Uco, Domínguez-Magaña, Dávila-Ortíz, Martínez-Ayala, Chel-Guerrero & Betancur-Ancona, 2008).

Los hidrolizados proteicos pueden presentar actividad antihipertensiva por este mecanismo y ser usados como ingredientes biofuncionales o nutracéuticos, es decir como productos que tienen un efecto sobre la salud que va más allá de las propiedades nutricionales.

Por otra parte, los antioxidantes (AO) son adicionados durante el procesamiento de los alimentos para mejorar su estabilidad y calidad. Estos pueden actuar a través de diferentes mecanismos: deteniendo la reacción en cadena de oxidación de las grasas mediadas por radicales libres, eliminando el oxígeno disuelto en el producto o complejando metales traza que facilitan la oxidación (Calvo Rebollar, 1991). Los hidrolizados proteicos pueden presentar actividad antioxidante (AAO) y ser usados en sistemas de alimentos como aditivos o como ingredientes nutracéuticos.

Sin embargo, los trabajos referidos a propiedades bioactivas de gluten son escasos. Entre ellos se puede citar el estudio de propiedades bioactivas AO de péptidos obtenidos por hidrólisis enzimática bajo ultrasonido (Zhu, Su, Guo, Peng & Zhou, 2011), donde observaron que el gluten hidrolizado bajo ultrasonido de baja frecuencia exhibió las mayores actividades AO, con valores de capacidad equivalente (EC_{50}) de 0.513 mg/mL para la capacidad quelante del ión ferroso. También se observaron propiedades AO de fracciones ultrafiltradas por membranas de 5 kDa de corte, de hidrolizados obtenidos utilizando papaína (Wang, Zhao, Zhao & Jiang, 2007). En este caso tanto las fracciones permeadas como retenidas mostraron actividad AO mayor que el hidrolizado de origen. Cui, Kong, Hua, Zhou y Liu (2011) también evaluaron propiedades AO de hidrolizados obtenidos en un reactor con membrana de ultrafiltración y observaron que las fracciones permeadas (< 1000 Da) fueron homogéneas, estables y mostraron fuerte actividad AO.

En estos trabajos se evalúan la AAO de fracciones obtenidas en un hidrolizado de grado de hidrólisis determinado. Sin embargo, no se han encontrado estudios que midan el efecto del grado de hidrólisis en las propiedades bioactivas de fracciones obtenidas por solubilización por pH de hidrolizados de gluten de trigo.

Los objetivos de este trabajo fueron obtener extractos de hidrolizados proteicos de gluten de trigo de diferente grado de hidrólisis por medio de fraccionamientos por pH y evaluar la presencia de propiedades bioactivas antioxidantes (AAO) e inhibidora de ECA (propiedades antihipertensivas) en dichos extractos.

2. Materiales y Métodos

2.1. Gluten

Se utilizó gluten de trigo comercial provisto por Molinos Semino S.A. Carcarañá - Santa Fe, siendo su composición en base seca: humedad: 5.95%, proteínas: 77.20% (factor de conversión proteína/ N total = 5.7), almidón: 13.15%, lípidos: 0.71% y cenizas: 0.83%.

El gluten vital comercial fue tratado térmicamente según el protocolo de Drago et al. (2008a), obteniéndose el gluten de trigo tratado térmicamente (GTT).

2.2. Hidrolizados de gluten de trigo

Los hidrolizados de GTT fueron previamente producidos en condiciones definidas de pH, temperatura y tiempo de hidrólisis empleando un reactor termostatizado de tipo batch de 800 ml de capacidad. El pH de reacción fue medido de manera continua utilizando un pHmetro IQ Scientific Instruments. El ajuste de pH se realizó mediante el agregado de base (NaOH) o ácido (HCl). Las enzimas empleadas fueron alcalasa (Al) y acidasa (Ac) utilizando una relación E/S de 0.1% y 5%, respectivamente (Drago et al., 2008b).

El avance de la reacción se siguió mediante el índice de tricloroacético (ITCA) que se determinó midiendo el N soluble en ácido TCA al 20% y se calculó en relación al contenido de N total en la muestra (N$_{total}$), según Ecuación 1:

$$ITCA = \frac{100 \; x \; N_{soluble} \; TCA \; 20\%}{N_{total}} \tag{1}$$

Ecuación 1. Índice de Tricloro Acético

Para cada enzima se produjeron hidrolizados de tres diferentes grados de hidrólisis con valores de ITCA de: 14%, 22% y 32.6%.

2.3. Fraccionamiento por pH

Las fracciones proteicas fueron obtenidas por solubilización a pHs: 4, 6.5 y 9, según Drago y González (2001). Para ello, se prepararon soluciones al 2% (p/p) en base seca de los diferentes hidrolizados y del GTT. El pH se obtuvo por adición de HCl 0.4 mol/ L o NaOH 0.1-3.0 mol/ L. Las muestras fueron agitadas durante 1h a temperatura ambiente y posteriormente centrifugadas por 15 min a 8,000*xg*. Los sobrenadantes (los extractos a cada pH) fueron liofilizados en un equipo Flexi-Dry™ MP FTS systems.

2.4. Análisis de las fracciones

A las fracciones obtenidas por extracción por pH de los hidrolizados de gluten se les determinó el contenido de proteínas y aminos libres.

2.5. Determinación del contenido de proteínas

Se siguió la técnica de Lowry, Rosebrough, Farr y Randall (1951).

2.6. Evaluación de actividad antioxidante (AAO)

Se utilizó el método propuesto por Pukalskas, van Beek, Venskutonis, Linssen, van Veldhuizen y de Groot (2002) que utiliza el radical $ABTS^{*+}$, para medios acuosos y que se basa en su decoloración por los péptidos antioxidantes. El porcentaje de inhibición se calculó midiendo la Absorbancia del $ABTS^{*+}$ (Ab: absorbancia del blanco) y de la muestra (Am) a los 6 min de reacción, según la Ecuación 2.

$$\%Inhibición\ del\ radical\ ABTS^{*+}\ =\ \frac{\left(Ab - Am\right)}{Ab} \times 100 \qquad (2)$$

Ecuación 2. Cálculo del porcentaje de inhibición del radical catión ABTS^{*+}

Para el cálculo de la capacidad antioxidante Trolox equivalente (TEAC), el% Inhibición se refirió a mmoles de Trolox utilizando una curva de calibrado de 0.5-3.5 mM de Trolox, y el resultado de TEAC se expresó como los mmoles de Trolox equivalentes por g de proteínas del extracto.

Se calculó la concentración que bloquea el 50% del radical $ABTS^{*+}$ (IC_{50}), asumiendo que la actividad del blanco es 100%. Las curvas de dosis-inhibición se generaron como la concentración de inhibidor (abscisa) versus el% de inhibición del radical $ABTS^{*+}$ (ordenada). La función *BoxLucas1* del *Software OriginLab 8* (3) ajustó a los datos experimentales:

$$y = a\left(1 - e^{-b\,x}\right) \qquad (3)$$

Ecuación 3. Función BoxLucas1 para ajuste a los datos
experimentales de la curva dosis-inhibición

Siendo:

y:% de inhibición del radical $ABTS^{*+}$

x: concentración de la muestra (inhibidor)

a y b: coeficientes de ajuste

Para obtener el valor de la IC$_{50}$ correspondiente, se le asignó a **y** el valor de 50% de inhibición de la actividad oxidante y se despejo **x** de la ecuación, que corresponde al valor de la IC$_{50}$, (Ecuación 4):

$$x = -\frac{\ln\left(1 - \frac{50}{a}\right)}{b}$$

(4)

Ecuación 4. Ecuación utilizada para el cálculo
de la IC$_{50}$ de capacidad antioxidante

2.7. Evaluación de actividad de inhibición de la Enzima Convertidora de Angiotensina I (ECA I): actividad anti-hipertensiva (AAH)

Se siguió la técnica propuesta por Hayakari, Kondo y Izumi (1978). El resultado se expresó según las ecuaciones 5 y 6.

$$Actividad\ ECA = \frac{(A_{MES} - A_{BME})}{(A_{ES} - A_{BES})} \times 100$$

(5)

$$\%\,de\,inhibición\,de\,la\,ECA = 100 - Actividad\ ECA$$

(6)

Ecuaciones 5 y 6. Ecuaciones utilizadas para el cálculo del porcentaje
de inhibición de la Enzima Convertidora de Angiotensina I (ECA)

Siendo:

A^{MES} la absorbancia de la mezcla muestra, enzima y sustrato

A^{BME}: la absorbancia del blanco de muestra.

A^{ES}: la absorbancia de la enzima y el sustrato

A_{BES}: la absorbancia del blanco de enzima y sustrato

La concentración que inhibe el 50% de la actividad de la ECA (IC$_{50}$) se calculó utilizando el método propuesto por Vermeirssen, Van Camp y Verstraete (2002), asumiendo que la actividad del blanco es 100%. Las curvas de dosis-inhibición se generaron como LOG [concentración de inhibidor] (abscisa) versus inhibición de la ECA (ordenada). La función *DoseResp* del *Software OriginLab 8* (Ecuación 7) ajustó los datos experimentales:

$$Y = A1 + \frac{A2 - A1}{1 + 10^{(LOG\,x0 - x)\,p}}$$

(7)

Ecuación 7. Función DoseResp para ajuste a los datos
experimentales de la curva dosis inhibición de ECA I

Siendo:

Y:% de inhibición de la ECA

x: concentración de la muestra

LOG x0: LOG IC_{50}

A1: línea de base (equivalente a 100% de actividad de la ECA)

A2: línea de saturación (equivalente a 100% de inhibición de la ECA)

p: *hill slope* (pendiente del centro de transición de la curva)

El software entrega el valor del coeficiente LOG x0 con el que se puede calcular la IC_{50} siguiendo la Ecuación 8:

$$IC_{50} = 10^{LOG\,x0}$$

(8)

Ecuación 8. Ecuación utilizada para el cálculo de la IC_{50}
de capacidad de inhibición de ECA I

2.8. Estudios Estadísticos

Todas las muestras se procesaron por triplicado. Se realizó el test de ANOVA *(Analysis of Variance)* para determinar diferencias significativas entre muestras (p <0.05) y test de LSD *(Least Significant Difference)* para comparación de a pares al 5% de nivel significancia, utilizando el Software Statgraphics Centurion XV. El ANOVA multifactor se realizó para evaluar los factores: grado de hidrólisis y pH de extracción, siendo las variables de respuesta la actividad antioxidante y la actividad antihipertensiva.

Otros análisis de regresión simple y algunas representaciones gráficas se realizaron por medio de OriginLab 8 y de la planilla de cálculo de Microsoft Office Excel 2007.

3. Resultados y discusión

3.1. Evaluación de propiedades bioactivas de hidrolizados de Gluten de Trigo

Como se mencionó en materiales y métodos, se elaboraron hidrolizados de gluten de trigo utilizando dos enzimas diferentes (acidasa y alcalasa) y a tres grados de hidrólisis distintos para cada enzima (ITCA: 14, 22 y 32.6%). El análisis de las propiedades bioactivas de estos hidrolizados (actividad antioxidante e inhibidora de ECA) se realizó sobre extractos de pH 4, 6.5 y 9 de cada uno de estos hidrolizados y de la muestra de partida GTT sin hidrolizar.

3.1.1 Actividad antioxidante

Hidrolizado de gluten de trigo obtenidos con la enzima acidasa (Ac)

Dado que las muestras (extractos liofilizados de los hidrolizados a los 3 pHs seleccionados: 4, 6.5 y 9) no se solubilizaron totalmente en el buffer PBS que se utiliza para la determinación de la actividad antioxidante, se preparó una dispersión de los extractos liofilizados en PBS, y a la fracción soluble se le determinó el contenido de aminos libres, de proteínas y la actividad antioxidante. En la Figura 1 se muestran los resultados de actividad antioxidante (AO) de los distintos extractos.

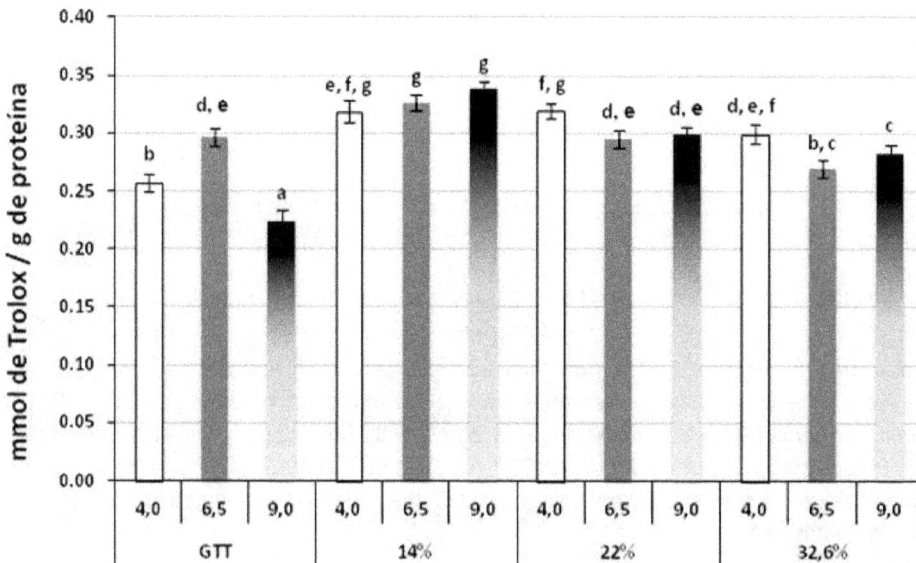

Figura 1. Actividad antioxidante de los extractos de los hidrolizados de gluten de trigo con Ac de ITCA: 14, 22 y 32.6% y del gluten sin hidrolizar tratado térmicamente (GTT). Letras diferentes implican diferencias significativas entre las muestras (p < 0.05)

Los extractos de los hidrolizados presentaron en general mayor AAO que los extractos de GTT. También se observó que los extractos de la muestra de ITCA de 14% presentaron los mayores valores de AAO, aunque el extracto de pH 4 de la muestra de ITCA de 22% presentó un valor de AAO, semejante a los extractos del hidrolizado de 14%.

El ANOVA multifactor (Tabla 1) mostró diferencias significativas con el grado de hidrólisis, siendo la muestra de ITCA de 14% la de mayor actividad.

Factor GH	Actividad AO (mmol de Trolox/g de Proteína)	Grupos Homogéneos
0%	0.264 ± 0.007	a
14%	0.328 ± 0.007	d
22%	0.306 ± 0.006	c
32.6%	0.284 ± 0.006	b

Tabla 1. ANOVA Multifactor para la actividad antioxidante (AAO) según el factor grado de hidrólisis (GH) a diferentes valores de pH de extracción. Letras diferentes implican diferencias significativas entre las muestras (p < 0.05)

Si bien algunos extractos de pH presentaron más actividad que otros, el ANOVA multifactor no mostró un efecto significativo del pH. Sin embargo, para las muestras de mayor ITCA (22 y 32.6%), los extractos de pH 4 presentaron mayor actividad que a los otros pHs.

Por otra parte, cuanto mayor fue el grado de hidrólisis mayor fue la solubilidad en PBS de los extractos liofilizados. Por este motivo, los resultados se expresaron considerando el contenido de proteína de la dispersión en PBS.

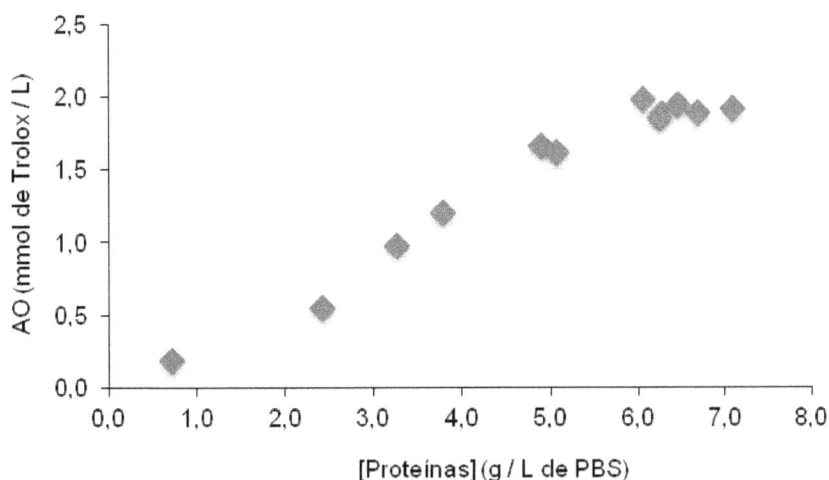

Figura 2. Actividad antioxidante expresada en mM de Trolox vs. Concentración de proteínas en buffer PBS

Cuando se consideró la actividad antioxidante en mM de Trolox, se puede observar que la misma aumenta con la concentración de proteína, obteniéndose un valor semejante cuando las muestras tienen un contenido proteico mayor de 6 g/ L (Figura 2).

La misma tendencia fue observada cuando se graficó la actividad antioxidante en función de la concentración de aminos libres, observándose valores semejantes a partir de 4.7 mEq L-Ser / L de PBS (Figura 3).

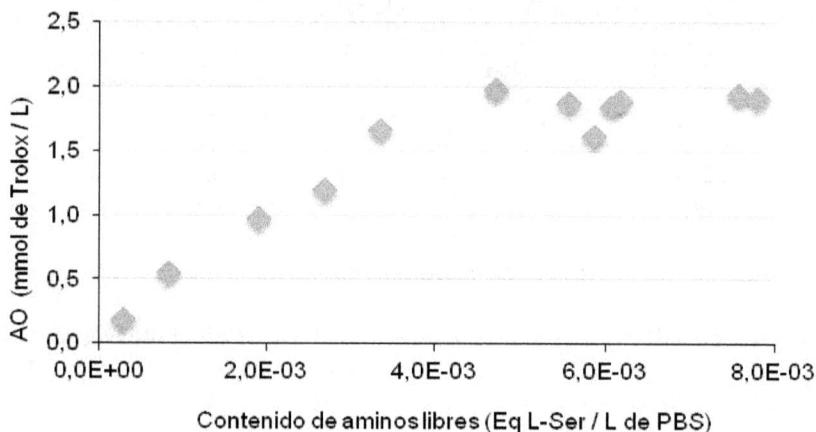

Figura 3. Actividad antioxidante expresada en mM de Trolox vs. Concentración de proteínas en buffer PBS

Esto se debería a que al aumentar el grado de hidrólisis no sólo aumenta la solubilidad del hidrolizado sino que también la composición de los extractos a los distintos pHs se torna semejante (Drago et al., 2008a).

Muestras	pH	Solubilidad
GTT	4.0	58.04 ± 0.41^d
	6.5	5.88 ± 0.13^h
	9.0	25.58 ± 0.88^g
ITCA 14%	4.0	$80.47 \pm 0.28^{a, b}$
	6.5	35.87 ± 0.06^f
	9.0	57.77 ± 0.37^d
ITCA 22%	4.0	81.01 ± 0.50^a
	6.5	53.74 ± 0.32^e
	9.0	73.88 ± 0.63^c
ITCA 32.6%	4.0	$77.58 \pm 0.16^{a, b}$
	6.5	$67.54 \pm 0.59^{b, c}$
	9.0	79.94 ± 0.06^a

Tabla 2. Solubilidad del gluten sin hidrolizar tratado térmicamente (GTT) y de los hidrolizados de ITCA (índice de tricloroacético): 14, 22 y 32.6%. (Drago et al., 2008a). Letras diferentes implican diferencias significativas entre las muestras (p < 0.05)

En la Tabla 2 se muestra la solubilidad a los distintos pH de los hidrolizados (Drago et al., 2008a). Debido a que la muestra de ITCA 14% tiene menor solubilidad que las otras muestras hidrolizadas, el extracto de pH 4 de la muestra de ITCA 22% podría considerarse interesante como fuente de péptidos antioxidantes, ya que permitiría obtener mayores rendimientos en lo que respecta a su producción.

Del *screening* de AAO realizado a todas las muestras, se seleccionó el extracto ITCA 22% pH 4 para realizar la determinación de la concentración que bloquea el 50% del radical ABTS$^{\cdot+}$ (IC$_{50}$). Se seleccionó este extracto de entre aquellos que presentaron mayor valor de actividad AO porque es el que presentó una mayor solubilidad, lo que permitiría obtener un mayor rendimiento de péptidos AO a partir de hidrolizados del gluten con la enzima Ac.

En la Figura 4 se pueden observar los valores del % de inhibición del radical ABTS$^{\cdot+}$ a las distintas concentraciones en buffer PBS, del extracto de pH 4 del hidrolizado de ITCA 22%.

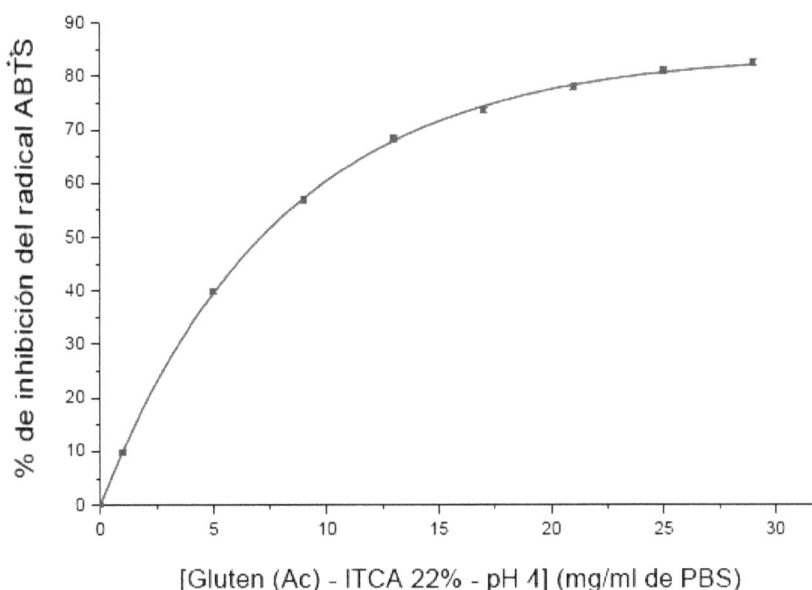

Figura 4. Actividad antioxidante del extracto de pH 4 del hidrolizado de gluten con Ac de ITCA 22%, expresada en % de inhibición del radical ABTS$^{\cdot+}$ vs. Concentración de proteínas en buffer PBS

En la Tabla 3 se pueden observar los valores obtenidos para los coeficientes de ajuste de los datos experimentales para el cálculo de la IC$_{50}$.

Ecuación	y = a*(1 - exp(-b*x))		
R^2-ajustado	0.99978		
		Valor	Error Estándar
Media % Inhibición	a	84.2	0.4
Media % Inhibición	b	0.126	0.002

Tabla 3. Valores de ajuste de datos experimentales con la función BoxLucas1

La IC$_{50}$ obtenida para el extracto de pH 4 del hidrolizado de gluten con Ac de ITCA 22%, fue de 7.1 mg/ ml de PBS.

En resumen, una hidrólisis suave permitió obtener muestras con buenas propiedades AO. Sin embargo, si la hidrólisis continúa, las propiedades antioxidantes disminuyen. El fraccionamiento por pH no permitió concentrar la actividad en la muestra de bajo grado de hidrólisis (14%), pero fue efectiva en los hidrolizados de mayor ITCA, obteniéndose mayor actividad en las fracciones de pH 4.

Hidrolizado de gluten de trigo obtenidos con la enzima alcalasa (Al)

Para estos hidrolizados se procedió de igual manera que para los hidrolizados de gluten de trigo con la enzima Ac. Se preparó una dispersión al 1% en PBS, y se le determinó la AAO.

En la Figura 5 se muestran los resultados de la AAO de los distintos extractos de los hidrolizados y de GTT.

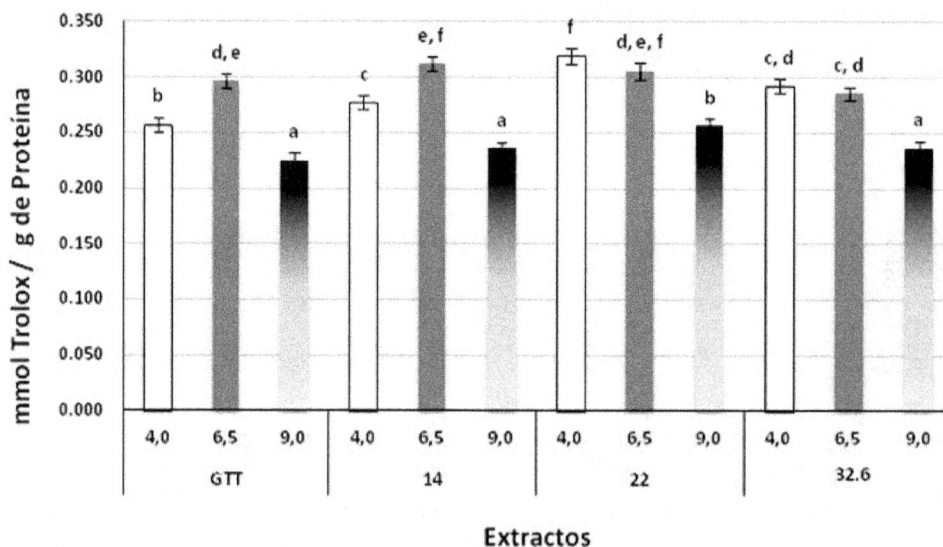

Figura 5. Actividad antioxidante de los extractos de los hidrolizados de gluten de trigo con Al de ITCA: 14, 22 y 32.6% y del gluten sin hidrolizar tratado térmicamente (GTT). Letras diferentes implican diferencias significativas entre las muestras (p < 0.05)

En general, los extractos de los hidrolizados presentaron mayor AAO que los extractos de GTT.

El ANOVA multifactor (Tabla 4) mostró diferencias significativas con el grado de hidrólisis, siendo la muestra de ITCA de 22% la de mayor actividad.

Para los hidrolizados de gluten con Al se observaron diferencias significativas (p <0.05) debidas al pH de extracción, siendo el pH 6.5 el que presentó la mayor AAO (Tabla 5). Sin embargo, uno de los valores más altos de AAO se observó para el extracto de pH 4 de la muestra de ITCA de 22%.

Factor GH	Actividad AO (mmol de Trolox/g de Proteína)	Grupos Homogéneos
0%	0.259 ± 0.005	a
14%	0.275 ± 0.005	b
22%	0.294 ± 0.005	c
32.6%	0.272 ± 0.005	a, b

Tabla 4. ANOVA Multifactor para la actividad antioxidante (AAO) según el factor grado de hidrólisis (GH) a diferentes valores de pH de extracción. Letras diferentes implican diferencias significativas entre las muestras ($p < 0,05$)

Factor pH	Actividad AO (mmol de Trolox/g de Proteína)	Grupos Homogéneos*
4	0.285 ± 0.004	b
6.5	0.301 ± 0.004	c
9	0.238 ± 0.004	a

*Tabla 5. ANOVA Multifactor para la actividad antioxidante (AAO) según el factor pH de extracción a diferentes valores de grado de hidrólisis. * Letras diferentes implican diferencias significativas entre las muestras ($p < 0.05$)*

De entre los extractos que presentaron los mayores valores de actividad AO, se seleccionó el extracto ITCA 22% pH 4 para realizar la determinación de la concentración de la IC_{50} (concentración que bloquea el 50% del radical $ABTS^{*+}$), a los fines de comparar con el extracto de pH 4 del hidrolizado de ITCA 22%, obtenido con la otra enzima (Ac).

En la Figura 6 se pueden observar los valores de la AAO expresada en% de inhibición del radical $ABTS^{*+}$, con respecto a las distintas concentraciones de las dispersiones en buffer PBS, del extracto de pH 4 del hidrolizado de ITCA 22% obtenido con Al.

En la Tabla 6 se pueden observar los valores obtenidos para los coeficientes de ajuste de los datos experimentales para el cálculo de la IC_{50}.

Ecuación	$y = a*(1 - exp(-b*x))$		
R^2 ajustado	0.99541		
		Valor	Error Estándar
Media% Inhibición	a	95	2
Media% Inhibición	b	0.156	0.009

Tabla 6. Valores de ajuste de datos experimentales con la función BoxLucas1

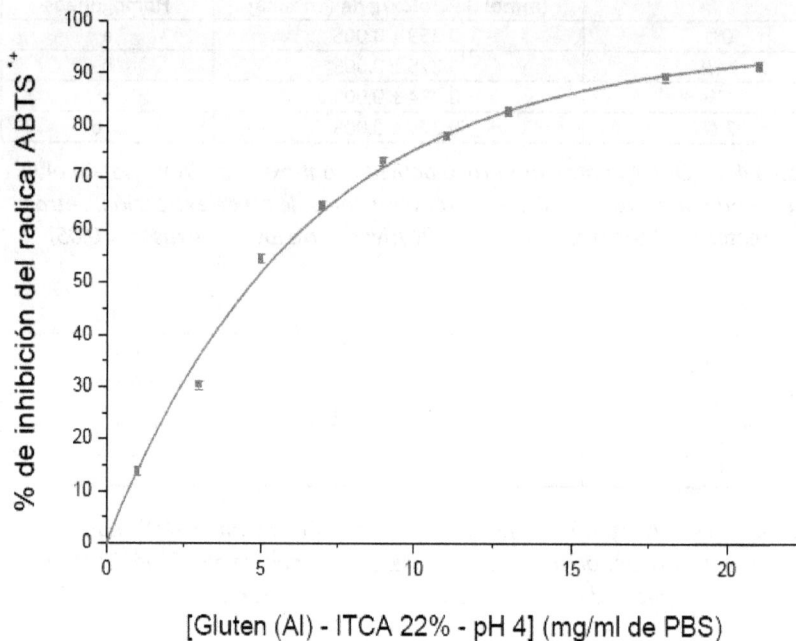

[Gluten (Al) - ITCA 22% - pH 4] (mg/ml de PBS)

Figura 6. Actividad antioxidante del extracto de pH 4 del hidrolizado de gluten con Al de ITCA 22%, expresada en% de Inhibición del radical ABTS$^{\cdot+}$ vs. Concentración de proteínas en buffer PBS

La IC$_{50}$ obtenida para el extracto de pH 4 del hidrolizado de gluten con la enzima Al de ITCA 22%, fue de 4.8 mg/ ml de PBS.

En resumen, una hidrólisis suave permitió obtener muestras con buenas propiedades AO, sin embargo, si la hidrólisis continúa, las propiedades antioxidantes disminuyen. El fraccionamiento por pH permitió concentrar la AAO de los extractos, obteniéndose mayor actividad en las fracciones de pH 6.5.

Comparación de la AAO de hidrolizados de gluten de trigo obtenidos con distintas enzimas

Comparando los valores de AAO obtenidos a las distintas concentraciones utilizadas para determinar la IC$_{50}$, se puede observar en la Figura 7 que el extracto de pH 4 del hidrolizado de gluten de trigo de ITCA 22%, obtenido con la enzima Al alcanzó valores de AAO superiores a aquellos obtenidos con la enzima Ac (aproximadamente un 13% más). Además, el hidrolizado de Al llega a saturación a una mayor velocidad, obteniéndose así un valor de IC$_{50}$ menor, que implica una mayor AAO.

Los valores de AAO de los extractos de pH 4 de los hidrolizados de gluten de trigo obtenidos con Al o Ac (IC$_{50}$ = 4.8 y 7.1 mg/ ml, respectivamente) fueron menores a los valores alcanzados en hidrolizados de proteínas de germen de trigo (IC$_{50}$ = 1.3 mg / ml) (Zhu, Zhou & Qian, 2006), hidrolizados de proteínas de garbanzo (IC$_{50}$ aprox. 1.0 mg / ml) obtenidos con alcalasa (Li, Jiang,

Zhang, Mu & Liu, 2008), hidrolizado de cáñamo (IC_{50} = 2.3-2.4 mg/ ml) obtenidos con neutrasa después de 3-4 h de hidrólisis (Wang, Tang, Chen & Yang, 2009) y valores similares en hidrolizados de hemoglobina obtenidos con alcalasa después de 4-10 h (Chang, Wu & Chiang, 2007) e hidrolizados de proteína de canola obtenidos con alcalasa y/o flavorzima (Cumby, Zhong, Naczk & Shahidi, 2008).

Además, el fraccionamiento por pH fue efectivo para concentrar la AAO de hidrolizados con Al, no ocurriendo lo mismo para todos los hidrolizados obtenidos con la Ac. También fueron diferentes los grados de hidrólisis que presentaron la mayor actividad entre los hidrolizados de ambas enzimas, siendo el hidrolizado de ITCA 14% y el de ITCA 22% para los hidrolizados de Ac y Al, respectivamente. En general, se ha observado que la AAO no guarda correlación con el grado de hidrólisis (Zhu et al., 2011), aunque está asociada a la presencia de componentes de bajo peso molecular (Wang et al., 2007; Cui, Kong et al., 2011; Cumby, Zhong, Naczk & Shahidi, 2011).

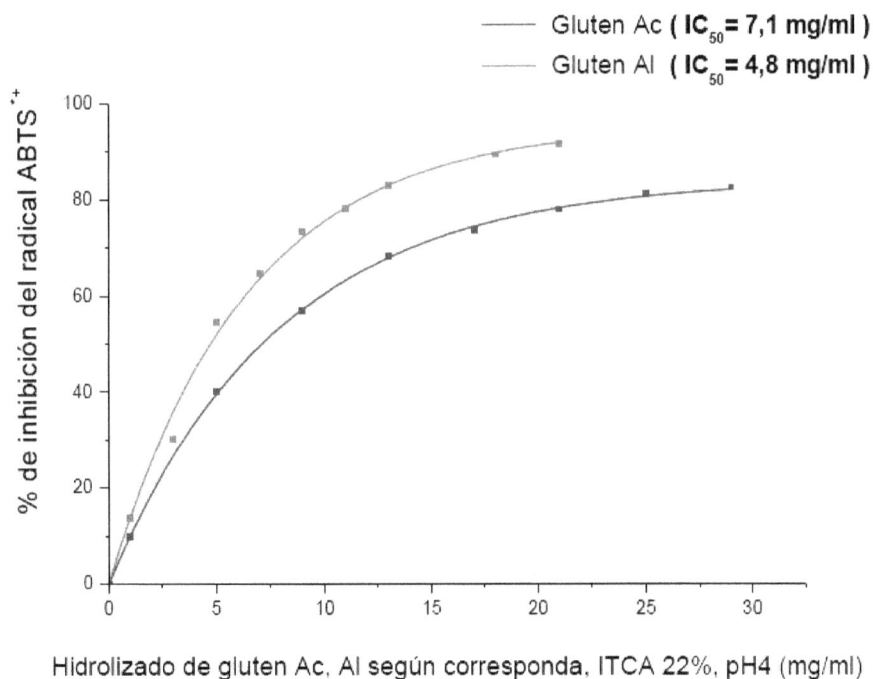

Figura 7. Actividad antioxidante (AAO) de los extractos de pH 4 de los hidrolizados de gluten de trigo de ITCA 22% obtenidos con las enzimas Al y Ac, expresada en% Inhibición del radical ABTS vs. Concentración de proteínas en PBS

Las diferencias observadas en la AAO de los hidrolizados se deben a que la naturaleza de los péptidos obtenidos por fraccionamiento por pH es diferente según sea la enzima utilizada para obtener los hidrolizados y al grado de hidrólisis alcanzado, como fue mostrado por Drago et al. (2008b).

Actividad inhibidora de ECA

Hidrolizados de gluten de trigo obtenidos con la enzima acidasa (Ac)

Factor GH	Media	Grupos homogéneos*
0%	-12 ± 3	a
14,0%	53 ± 3	b
22,0%	59 ± 3	b
32.6%	54 ± 3	b

*Tabla 7. ANOVA Multifactor para el% de inhibición de la ECA según el factor grado de hidrólisis (GH) a diferentes valores de pH de extracción. * Letras diferentes implican diferencias significativas entre las muestras (p < 0,05)*

En la Figura 8 se muestran los resultados de actividad inhibidora de la ECA, de los distintos extractos de los hidrolizados de gluten de trigo con acidasa. Los extractos de los hidrolizados presentaron AAH, mientras que los extractos de GTT no poseen dicha actividad. El ANOVA multifactor (Tabla 7) no mostró diferencias significativas con el grado de hidrólisis, pero sí entre los extractos hidrolizados y aquellos sin hidrolizar (GH 0%).

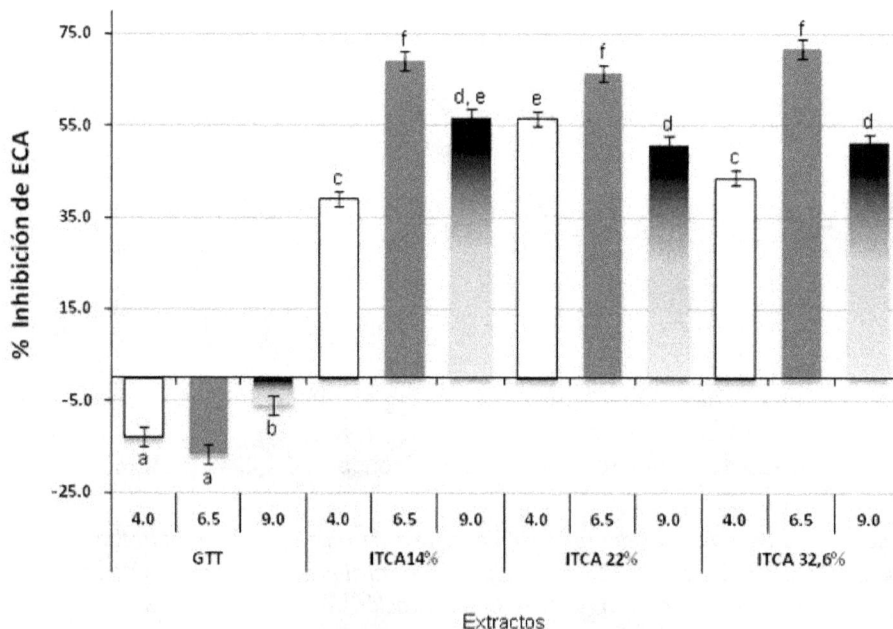

Figura 8. Actividad antihipertensiva de los extractos de los hidrolizados de acidasa de ITCA: 14, 22 y 32.6% y del gluten sin hidrolizar tratado térmicamente (GTT). Letras diferentes implican diferencias significativas entre las muestras (p < 0.05)

Considerando sólo las muestras que presentaron AAH, se realizó el ANOVA multifactor, relacionando el pH de extracción con el% de inhibición de la ECA (Tabla 8).

Factor pH	Media	Grupos homogéneos*
4.0	46 ± 2	a
6.5	68 ± 2	c
9.0	53 ± 2	b

*Tabla 8. ANOVA Multifactor para el% de inhibición de la ECA según el factor pH de extracción a diferentes valores de grados de hidrólisis. * Letras diferentes implican diferencias significativas entre las muestras (p < 0,05)*

Este análisis mostró un efecto significativo del pH, siendo el pH de extracción 6.5 el que presentó mayor actividad y las fracciones proteicas obtenidas a pH 4 las que presentaron una menor actividad.

De este *screening* de AAH realizado a todas las muestras, se seleccionó el extracto de pH 6.5 del hidrolizado de ITCA 32.6% para realizar la determinación de la concentración de la IC_{50}. Si bien todos los extractos a pH 6.5 presentaron mayor AAH, se seleccionó esta muestra porque presenta una solubilidad mayor con respecto a los demás extractos de pH 6.5 (Tabla 2), lo que permitiría obtener un mayor rendimiento en la obtención de péptidos inhibidores de ECA de hidrolizados de gluten con la enzima Ac.

En la Figura 9 se pueden observar los valores de inhibición de la ECA (%) correspondientes al LOG de las distintas concentraciones del extracto de pH 6.5 del hidrolizado de ITCA 32.6% obtenido con acidasa.

En la Tabla 9 se pueden observar los valores obtenidos para los coeficientes de ajuste de los datos experimentales para el cálculo de la IC_{50}.

La IC_{50} obtenida para el extracto de pH 6.5 del hidrolizado de gluten de ITCA 32,6%, obtenido con acidasa fue de 1.4 mg/ ml.

Ecuación	$y = A1 + (A2-A1)/(1 + 10^{((LOGx0-x)*p)})$	
R²ajustado	0.99718	
	Valor	Error Estándar
A1	14	2
A2	72	2
LOGx0	0.16	0.03
p	1.9	0.3
IC_{50}	1.4	

Tabla 9. Valores de ajuste de datos experimentales con la función DoseResp

En resumen, el gluten de trigo tratado térmicamente no presentó actividad inhibidora de ECA. La hidrólisis del gluten de trigo permitió obtener productos con buenas propiedades AH, pero no se observaron diferencias significativas entre los distintos grados de hidrólisis. El fraccionamiento por pH permitió concentrar la actividad en las muestras hidrolizadas, obteniéndose mayor actividad en las fracciones de pH 6.5.

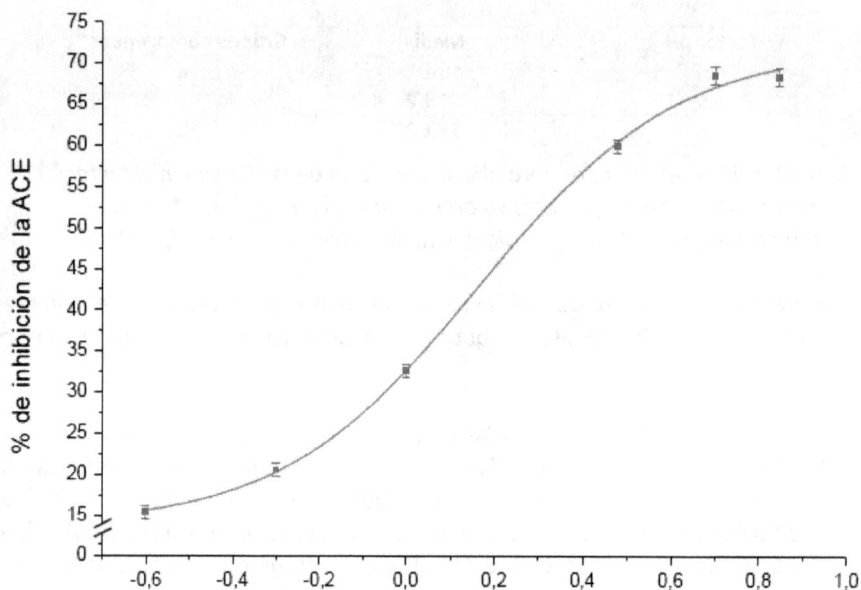

LOG (Concentracion de Gluten (Ac) ITCA 32,6% pH 6,5 en mg/ml)

Figura 9. Inhibición de la ECA (%) vs. LOG de la concentración de proteínas en mg/ml del extracto pH 6.5 del hidrolizado de ITCA 32,6% de acidasa

Hidrolizado de gluten de trigo obtenidos con la enzima alcalasa (Al)

En la Figura 10 se muestran los resultados de AAH, expresada en% de inhibición de la ECA, de los distintos extractos de los hidrolizados de gluten de trigo obtenidos con alcalasa, los cuales inhibieron la actividad de la ECA, con excepción del extracto a pH 4 obtenido del hidrolizado de ITCA 14%. Los valores de Inhibición de ECA de GTT de los extractos se muestran en la Figura 8, ya que tanto los hidrolizados obtenidos con la enzima alcalasa como los obtenidos con la enzima Acidasa partieron de la misma muestra de gluten de trigo.

El ANOVA multifactor que relaciona el grado de hidrólisis de los extractos con el % de inhibición de la ECA (Tabla 10) mostró diferencias significativas ($p < 0.05$) con el grado de hidrólisis, siendo los extractos de ITCA 22% y 32.6% los que presentaron mayor % de inhibición de dicha enzima.

Factor GH	Media	Grupos homogéneos*
14,0%	26 ± 5	a
22,0%	58 ± 5	b
32.6%	59 ± 5	b

*Tabla 10. ANOVA Multifactor para el% de inhibición de la ECA según el factor grado de hidrólisis (GH) a diferentes valores de pH de extracción. * Letras diferentes implican diferencias significativas entre las muestras (p < 0.05)*

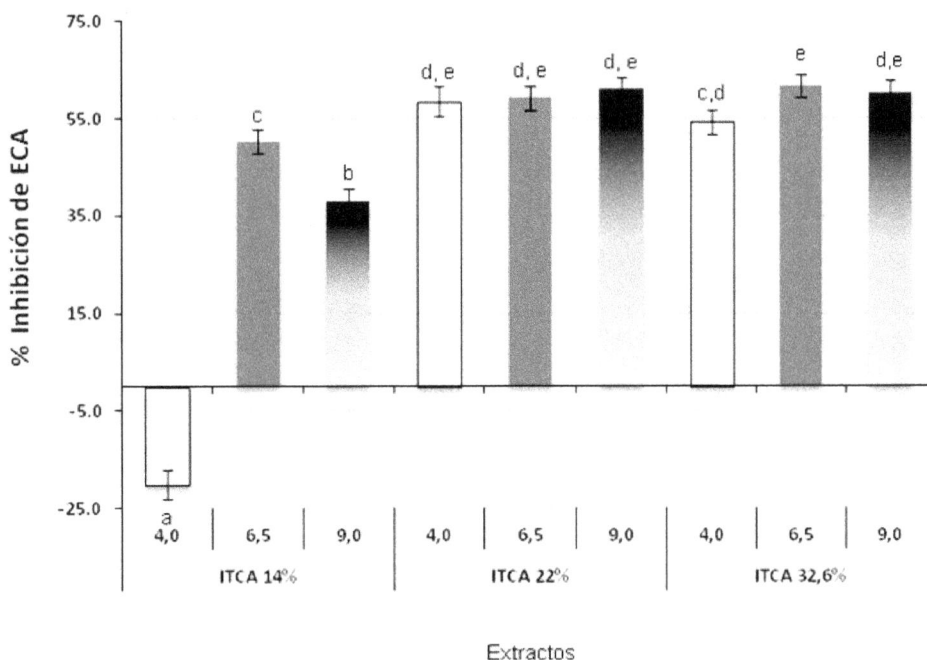

Figura 10. Inhibición de la ECA (%) de los extractos de los hidrolizados de gluten obtenidos con alcalasa de ITCA: 14, 22 y 32.6%. Letras diferentes implican diferencias significativas entre las muestras (p < 0.05)

Evaluando el efecto del pH de extracción sobre el% de inhibición de la ECA (Tabla 11), se encontró un efecto significativo del pH, siendo los extractos de pH 6.5 y 9 los que presentaron mayor actividad.

Factor pH	Media	Grupos homogéneos*
4.0	33 ± 5	a
6.5	57 ± 5	b
9.0	53 ± 5	b

*Tabla 11. ANOVA Multifactor para el% de inhibición de la ECA según el factor pH de extracción a diferentes grados de hidrólisis. *Letras diferentes implican diferencias significativas entre las muestras (p < 0,05)*

De estos tratamientos, se seleccionó el extracto de pH 6.5 del hidrolizado de ITCA 32.6% para realizar la determinación de la concentración de la IC$_{50}$ (concentración que inhibe el 50% de la actividad de la ECA).

En la Figura 11 se pueden observar los valores del% de inhibición de la ECA con respecto al LOG de las distintas concentraciones del extracto a pH 6.5 del hidrolizado de alcalasa de ITCA 32.6%.

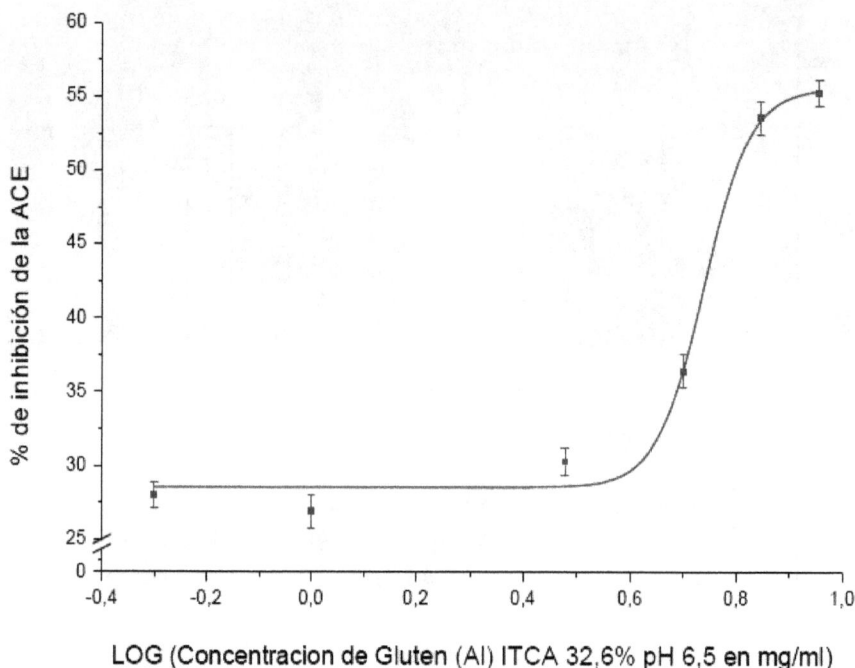

LOG (Concentracion de Gluten (AI) ITCA 32,6% pH 6,5 en mg/ml)

Figura 11. Inhibición de la ECA (%) vs. LOG de la concentración de proteínas en mg/ml del extracto de pH 6.5 del hidrolizado de ITCA 32.6% de alcalasa

En la Tabla 12 se muestran los valores obtenidos para los coeficientes de ajuste de los datos experimentales para el cálculo de la IC_{50}.

Ecuación	$y = A1 + (A2-A1)/(1 + 10^{((LOGx0-x)*p)})$	
R^{2}ajustado	0,98221	
	Valor	**Error Estandar**
A1	28	1
A2	56	2
LOGx0	0.74	0.02
p	10	4
IC_{50}	5.5	

Tabla 12. Valores de ajuste de datos experimentales con la función DoseResp

La IC_{50} obtenida para el extracto a pH 6.5 del hidrolizado de gluten con alcalasa de ITCA 32.6% fue de 5.5 mg/ ml.

En resumen, la hidrólisis del gluten de trigo permitió obtener productos con propiedades AH, obteniéndose los mejores valores de inhibición de la ECA para los extractos obtenidos a partir de las muestras con mayores grados de hidrólisis. El fraccionamiento por pH permitió concentrar la actividad en las muestras hidrolizadas, obteniéndose mayor actividad en las fracciones de pH 6.5 y pH 9.

Comparación de la AAH de hidrolizados de gluten de trigo obtenidos con distintas enzimas

Considerando las muestras en las que se evaluó la IC_{50} se puede observar en la Figura 12 que el hidrolizado de gluten de trigo obtenido con la enzima Ac alcanzó valores de AAH superiores a los obtenidos por el hidrolizado de gluten de trigo obtenido con la enzima Al (aproximadamente un 29% más). Un dato interesante es que a pesar de ser los perfiles de las curvas muy diferentes para estos extractos, ambos alcanzaron sus respectivos valores de saturación a la misma concentración de proteína (aprox. 7.9 mg/ ml). A diferencia de lo observado para la AAO, la fracción proteica obtenida con la enzima Ac fue la que presentó el mejor IC_{50}.

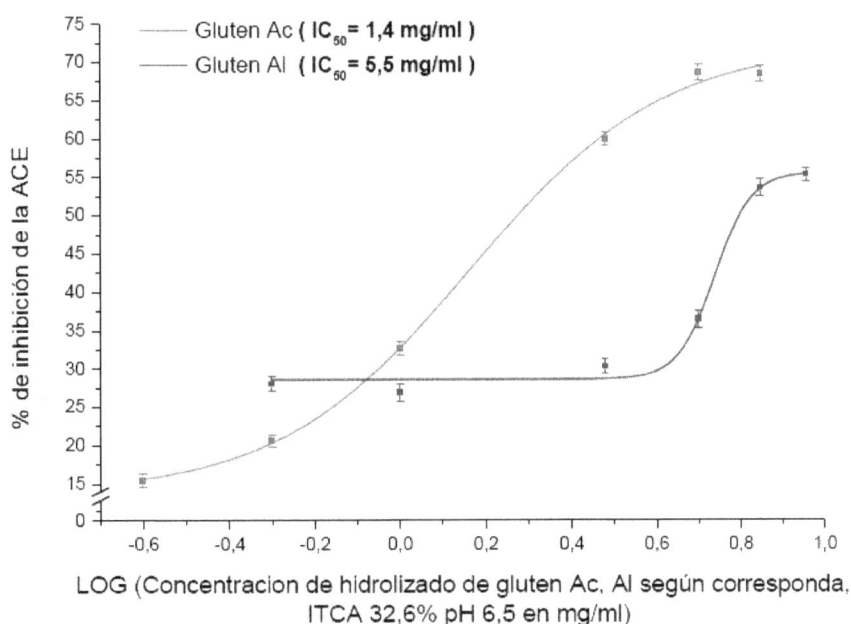

Figura 12. Inhibición de la ECA (%) vs. LOG de la concentración de proteínas de los extractos de pH 6.5 de hidrolizados de gluten de trigo de ITCA 32.6% obtenidos con las enzimas Al y Ac

Li, Le, Liu y Shi (2005) han observado que los hidrolizados enzimáticos de proteínas presentan propiedades de inhibición de la ECA con valores de IC_{50} que abarcan un rango de 0.20 hasta 246.7 mg/ ml. En el presente estudio, los valores obtenidos de IC_{50} fueron de 1.4 y 5.5 mg/ml para los extractos a pH 6.5 de los hidrolizados de gluten de trigo de ITCA 32.6% obtenidos con las enzimas Ac y Al, respectivamente, y se encuentran en el rango de concentración que pueden mediar un efecto antihipertensivo. Similarmente, Castillo, Ferrigno, Acampa, Borrellib, Olano, Martínez-Rodríguez et al. (2007) observaron valores de IC_{50} entre 1.4 y 14 mg/ml para hidrolizados de gluten con distintos tratamientos térmicos y glicosilación. Sin embargo, Saiga, Kanda, Wei, Okumura, Kaneko y Nishimura (2002) hidrolizaron gluten comercial con tripsina, quimotripsina, papaina y actinasa durante 24 h y obtuvieron hidrolizados con valores de IC_{50} de

0.31, 0.42, 0.04 y 0.03 mg/ml, respectivamente, de mayor AAH que los obtenidos en este trabajo.

Como se ha mencionado previamente, el perfil de aminoácidos de los péptidos es importante para que sean inhibidores de la ECA. En este sentido, además de la fuente de proteínas, la especificidad de la proteasa es otro factor importante a considerar para preparar péptidos específicos con diversas funciones nutracéuticas.

La alcalasa es una proteasa alcalina de origen bacteriano para uso industrial, que hidroliza los enlaces peptídicos con amplia especificidad liberando péptidos con aminoácidos hidrofóbicos como Phe, Tyr, Trp, Leu, Ile, Val y Met en su C-terminal (Markland & Smith, 1971). En este sentido, la proteasa alcalasa es apta para la producción de péptidos inhibidores de la ECA, y el gluten de trigo una buena fuente de proteínas para obtener estos péptidos bioactivos de acuerdo a los resultados obtenidos en este estudio.

La acidasa es una enzima de origen fúngico y de grado alimentario, que de acuerdo al fabricante es una mezcla de endo y exoproteasas.

El uso de enzimas comerciales de origen microbiano es en general ventajosa por su bajo costo de producción industrial, en comparación con las de origen animal o vegetal como la pepsina, la tripsina y la papaína, que también se utilizan para la preparación de los péptidos inhibidores de la ECA a partir de proteínas (Mullally, Meisel & FitzGerald, 1997; Arihara, Nakashima, Mukai, Iahikawa & Itoh, 2001; Katayama, Fuchu, Skata, Kawahara, Yamauchi, Kawamura et al., 2003).

La eficacia del fraccionamiento por pH para obtener fracciones con propiedades bioactivas concentradas dependió además del pH utilizado, del hidrolizado (enzima empleada) y del GH alcanzado ya que estos factores determinan la naturaleza de los péptidos obtenidos.

4 Conclusiones

Se obtuvieron resultados interesantes respecto de propiedades bioactivas de hidrolizados, identificándose las enzimas más apropiadas, los grados de hidrólisis y las condiciones de fraccionamiento para obtener mezclas de péptidos con buenas propiedades antioxidantes y antihipertensivas.

Los hidrolizados de gluten de trigo obtenidos con la enzima Acidasa presentaron en general, valores de inhibición de ECA superiores a los obtenidos con la enzima Alcalsa. La eficacia del fraccionamiento por pH para obtener extractos con propiedades inhibidoras de ECA y antioxidantes concentradas dependió además del pH utilizado, de la enzima utilizada y del GH alcanzado, factores determinantes de la naturaleza de los péptidos obtenidos.

En este trabajo se puso en evidencia las propiedades antioxidantes de compuestos que podrían ser utilizados como aditivos en la conservación de alimentos.

Respecto a los efectos antioxidantaes e inhibidores de ECA, si bien se deberían confirmar con evaluaciones *in vivo*, estos estudios dan una indicación de propiedades bioactivas de hidrolizados de gluten de trigo, que podrían incrementar el valor de subproductos de la industria alimentaria y podrían emplearse en la elaboración de nuevos alimentos funcionales.

Agradecimientos

Investigación financiada por CAI+D 2009 Tipo II PI -54-258.

Referencias

Arihara, K., Nakashima, Y., Mukai, T., Iahikawa, T., & Itoh, M. (2001). Peptide inhibitors for angiotensin Iconverting enzyme from enzymatic hydrolysates of porcine skeletal muscle proteins. *Meat Sci., 57,* 319–324. http://dx.doi.org/10.1016/S0309-1740(00)00108-X

Calvo Rebollar, M. (1991). *Aditivos Alimentarios. Propiedades, aplicaciones y efectos sobre la salud.* Mira Editores, Zaragoza, España.

Castillo, M.D. del, Ferrigno, A., Acampa, I., Borrellib, R.C., Olano, A., Martínez-Rodríguez, A., & Fogliano, V. (2007). In vitro release of angiotensin-converting enzyme inhibitors, peroxyl-radical scavengers and antibacterial compounds by enzymatic hydrolysis of glycated gluten. *J. Cereal Sci., 45,* 327-334. http://dx.doi.org/10.1016/j.jcs.2006.09.005

Chang, C.Y., Wu, K.C., & Chiang, S.H. (2007). Antioxidant properties and protein compositions of porcine haemoglobulin hydrolysates. *Food Chem., 100,* 1537-1543. http://dx.doi.org/10.1016/j.foodchem.2005.12.019

Chockalingam, A. (2008). World hypertension day and global awareness. *Can. J. Cardiol., 24,* 441-444. http://dx.doi.org/10.1016/S0828-282X(08)70617-2

Cian, R.E., Drago, S.R., & González, R.J. (2011). Propiedades antioxidantes e inhibición de la enzima convertidora de angiotensina I (ECA I) de fracciones ultrafiltradas de hidrolizados de hemoglobin bovina. *Revista del Laboratorio Tecnológico del Uruguay.* LATU, Montevideo. INNOTEC, 6, Dic., 42-46.

Cui, C., Zhao, H., Zhao, M., & Chai, H. (2011). Effects of extrusion treatment on enzymatic hydrolysis properties of wheat gluten. *J. Food Process Eng., 34(2),* 187-203. http://dx.doi.org/10.1111/j.1745-4530.2008.00348.x

Cui, J., Kong, X., Hua, Y., Zhou, H., & Liu, Q. (2011). Continuous hydrolysis of modified wheat gluten in an enzymatic membrane reactor. *J. Sci. Food Agric., 91(15),* 2799-2805. http://dx.doi.org/10.1002/jsfa.4524

Cumby, N., Zhong, Y., Naczk, M., & Shahidi, F. (2008). Antioxidant activity and water-holding capacity of canola protein hydrolysates. *Food Chem., 19,* 144-148. http://dx.doi.org/10.1016/j.foodchem.2007.12.039

Day, L., Augustin, M.A., Batey, I.L., & Wrigley, C.W. (2006) Wheat-gluten uses and industry needs. *Trends Food Sci. Tech., 17(2)*, 82-90. http://dx.doi.org/10.1016/j.tifs.2005.10.003

Drago, S.R., González, R.J., & Añón, M.C. (2011). Emulsion properties of different protein fractions from hydrolyzed wheat gluten. En: *Gluten: Properties, Modifications and Dietary Intolerance.* Editors: Diane S. Fellstone. Nova Science publishers, Inc., cap 7, EU, 113-132.

Drago, S.R., & González, R.J. (2001). Foaming properties of enzymatically hydrolysed wheat gluten. *Innov. Food Sci. Emer., 1*, 269-273. http://dx.doi.org/10.1016/S1466-8564(00)00034-5

Drago, S.R., González, R.J., & Añon, M.C. (2008a). Application of surface response methodology to optimize hydrolysis of wheat gluten and characterization of selected hydrolysate fractions. *J. Sci. Food Agric., 88,* 1415-1422. http://dx.doi.org/10.1002/jsfa.3233

Drago, S.R., González, R.J., & Añón, M.C. (2008b). Techno-functional properties from hydrolyzed wheat gluten fractions. En: *Food Science and Technology: New Research.* Editors: Greco L.V., Bruno M.N. Nova Science Publishers, Inc., Hauppauge, NY, cap. 10, 355-381.

Fox, P.F., & Flynn, A. (1992). Biological properties of milkprotein. En *Advanced Dairy Chemistry.* Ed. Fox P.F. London: Elsevier Applied Science, 1(Proteins), 255-284.

Hayakari, M., Kondo, Y., & Izumi, H. (1978). A rapid and simple spectrophotometric assay of angiotensin-converting enzyme. *Anal. Biochem., 84,* 361-369. http://dx.doi.org/10.1016/0003-2697(78)90053-2

Jin, H.L., Wang, J.S., & Bian, K. (2011). Characteristics of enzymatic hydrolysis of the wheat gluten proteins treated by ultrasound wave. *Adv. Materials Res.,* 343-344, 1015-1022. http://dx.doi.org/10.4028/www.scientific.net/AMR.343-344.1015

Katayama, K., Fuchu, H., Skata, A., Kawahara, S., Yamauchi, K., Kawamura, Y., & Muguruma, M. (2003). Angiotensin I-converting enzyme inhibitory activities of porcine skeletal muscle proteins following enzyme digestion. *Asian-Australian J. Anim. Sci., 16,* 417-424.

Kong, X., Zhou, H., & Qian, H. (2007a). Enzymatic hydrolysis of wheat gluten by proteases and properties of the resulting hydrolysates. *Food Chem., 102(3),* 759-763. http://dx.doi.org/10.1016/j.foodchem.2006.06.062

Kong, X., Zhou, H., & Qian, H. (2007b). Enzymatic preparation and functional properties of wheat gluten hydrolysates. *Food Chem., 102,* 759-763. http://dx.doi.org/10.1016/j.foodchem.2006.06.062

Li, G.H., Le, G.W., Liu, H., & Shi, Y.H. (2005). Mung-bean protein hydrolysates obtained with alcalase exhibit angiotensin i-converting enzyme inhibitory activity. *Food Sci. Technol. Int., 11(4),* 281-287. http://dx.doi.org/10.1177/1082013205056781

Li, Y., Jiang, B., Zhang, T., Mu, W., & Liu, J. (2008). Antioxidant and free radical-scavenging activities of chickpea protein hydrolysate (CPH). *Food Chem., 106,* 444-450. http://dx.doi.org/10.1016/j.foodchem.2007.04.067

Liao, L., Qiu, C., Liu, T., Zhao, M., Ren, J., & Zhao, H. (2010). Susceptibility of wheat gluten to enzymatic hydrolysis following deamidation with acetic acid and sensory characteristics of the resultant hydrolysates. *J. Cereal. Sci., 52,* 395-403. http://dx.doi.org/10.1016/j.jcs.2010.07.001

Liao, L., Wang, Q., & Zhao, M.M. (2012). Investigation of the susceptibility of acid-deamidated wheat gluten to in vitro enzymatic hydrolysis using Raman spectra and free amino acid analysis. *J. Sci. Food Agric., 92(9),* 1865-1873. http://dx.doi.org/10.1002/jsfa.5553

Lowry, O.H., Rosebrough, N.J., Farr, A.L., & Randall, R.J. (1951). Protein measurement with the Folin phenol reagent. *J. Biol. Chem., 193,* 265-275.

Majzoobi, M., Abedi, E., Farahnaky, A., & Aminlari, M. (2012). Functional properties of acetylated glutenin and gliadin at varying pH values. *Food Chem., 133(4),* 1402-1407. http://dx.doi.org/10.1016/j.foodchem.2012.01.117

Markland, F.S., & Smith, E.L. (1971). Subtilisins: primary structure, chemical and physical properties. En: *The Enzyme.* Boyer, P.D. (ed.), New York: Academic Press, 561-608.

Mimouni, B., Raymond, J., Merle-Desnoyers, A.M., Azanza, J.L., & Ducastaing, A. (1994). Combined acid deamidation and enzymic hydrolysis for improvement of the functional properties of wheat gluten. *J. Cereal Sci., 20(2),* 153-165. http://dx.doi.org/10.1006/jcrs.1994.1055

Mullally, M.M., Meisel, H., & FitzGerald, R.J. (1997). Angiotensin I-converting enzyme inhibitory activities of gastric and pancreatic proteinase digests of whey proteins. *Int. Dairy J., 7,* 299-303. http://dx.doi.org/10.1016/S0958-6946(97)00018-6

Nordqvista, P., Lawtherb, M., Malmströma, E., & Khabbazc, F. (2012). Adhesive properties of wheat gluten after enzymatic hydrolysis or heat treatment – A comparative study. *Ind. Crop Prod., 38,* 139-145. http://dx.doi.org/10.1016/j.indcrop.2012.01.021

Pecquet, C., & Lauriere, M. (2003). New allergens in hydrolysates of wheat proteins. *Rev. Fr. Allergol., 43,* 21-23.

Popineau, Y., Huchet, B., Larré, C., & Bérot, S. (2002). Foaming and emulsifying properties of fractions of gluten peptides obtained by limited enzymic hydrolysis and ultrafiltration. J. *Cereal Sci., 35,* 327-335. http://dx.doi.org/10.1006/jcrs.2001.0437

Pukalskas, A., van Beek, T.A., Venskutonis, R.P., Linssen, J.P., van Veldhuizen, A., & de Groot, A. (2002). Identification of radical scavengers in sweet grass (*Hierochloe odorata*). *J. Agric. Food Chem., 50,* 2914-2919. http://dx.doi.org/10.1021/jf011016r

Saiga, A.I., Kanda, K., Wei, Z., Okumura, T., Kaneko, T., & Nishimura, T. (2002). Hypotensive activity of muscle protein and gluten hydrolysates obtained by protease treatment. *J. Food Biochem., 26(5)*, 391-401. http://dx.doi.org/10.1111/j.1745-4514.2002.tb00761.x

Tirelli, A., De Noni, I., & Resmini, P. (1997). Bioactive peptides in milk products. *Ital. J. Food Sci., 2*, 91-98.

Torruco-Uco, J.G., Domínguez-Magaña, M.A., Dávila-Ortíz, G., Martínez-Ayala, A., Chel-Guerrero, L.A., & Betancur-Ancona, D.A. (2008). Antihypertensive peptides for treatment of natural origin: A review. *Ciencia Tecnol. Alime., 6*, 158-168.

Vermeirssen, V., Van Camp, J., & Verstraete, W. (2002). Optimisation and validation of an angiotensin-converting enzyme inhibition assay for the screening of bioactive peptides. *J. Biochem. Bioph. Meth., 51*, 75-87. http://dx.doi.org/10.1016/S0165-022X(02)00006-4

Wang, J., Wei, Z., Li, L., Bian, K., & Zhao, M. (2009). Characteristics of enzymatic hydrolysis of thermal-treated wheat gluten. *J. Cereal Sci., 50(2)*, 205-209. http://dx.doi.org/10.1016/j.jcs.2009.05.004

Wang, J., Zhao, M., Yang, X., & Jiang, Y. (2006). Improvement on functional properties of wheat gluten by enzymatic hydrolysis and ultrafiltration. *J. Cereal Sci., 44(1)*, 93-100. http://dx.doi.org/10.1016/j.jcs.2006.04.002

Wang, J., Zhao, M., Zhao, Q., & Jiang, Y. (2007). Antioxidant properties of papain hydrolysates of wheat gluten in different oxidation systems. *Food Chem., 101*, 1658-1663. http://dx.doi.org/10.1016/j.foodchem.2006.04.024

Wang, X.S., Tang, C.H., Chen, L., & Yang, X.Q. (2009). Antioxidant properties of hemp protein hydrolysates. *Food Technol. Biotech., 47(4)*, 428-434.

Zhang, H., Claver, I.P., Li, Q., Zhu, K., Peng, W., & Zhou, H. (2012). Structural modification of wheat gluten by dry heat-enhanced enzymatic hydrolysis. *Food Technol. Biotech., 50(1)*, 53-58.

Zhang, H.H., Li, Q., Claver, I.P., Zhu, K.X., Peng, W., & Zhou, H.M. (2010). Effect of cysteine on structural, rheological properties and solubility of wheat gluten by enzymatic hydrolysis. *Int. J. Food Sci. Tech., 45(10)*, 2155-2161. http://dx.doi.org/10.1111/j.1365-2621.2010.02384.x

Zhu, K., Zhou, H., & Qian, H. (2006). Antioxidant and free radical-scavenging activities of wheat germ protein hydrolysates (WGPH) prepared with Alcalase. *Process Biochem., 41*, 1296-1302. http://dx.doi.org/10.1016/j.procbio.2005.12.029

Zhu, K.X., Su, C.Y., Guo, X.N., Peng, W., & Zhou, H.M. (2011). Influence of ultrasound during wheat gluten hydrolysis on the antioxidant activities of the resulting hydrolysate. *Int. J. Food Sci. Tech., 46(5)*, 1053-1059. http://dx.doi.org/10.1111/j.1365-2621.2011.02585.x

Żukowska, E.A., Rudnik, E., & Kijeński, J. (2008). Foaming properties of gluten and acetylated gluten: Studies of the mathematical models to describe liquid drainage. *J. Cereal Sci., 47(2),* 233-238. http://dx.doi.org/10.1016/j.jcs.2007.04.005

Abreviaturas utilizadas

AAH: actividad anti-hipertensiva

AAO: actividad antioxidante

Ac: encima acidasa

Al: enzima alcalasa

AO: antioxidante

ECA: enzima convertidora de angiotensina I

GH: grado de hidrólisis

GTT: gluten de trigo tratado térmicamente

IC_{50}: 50% de inhibición de la actividad

ITCA: índice de tricloroacético

TEAC: capacidad antioxidante Trolox equivalente

Capítulo 4

Péptidos con actividad antioxidante de proteínas vegetales

Santiago Gallegos Tintoré[1], Luis Chel Guerrero[1], Luis Jorge Corzo Ríos[2], Alma Leticia Martínez Ayala[3]

[1] Facultad de Ingeniería Química, Universidad Autónoma de Yucatán, Campus de Ingenierías y ciencias exactas, Periférico Norte 33.5, Tablaje Catastral 13615, Col. Chuburná de Hidalgo Inn, Mérida, Yucatán, México, C.P. 97203.

[2] Unidad Profesional Interdisciplinaria de Biotecnología/Instituto Politécnico Nacional, Avda. Acueducto s/n, Barrio La Laguna, Col. Ticomán, México, DF, México, C.P. 07340.

[3] Centro de Desarrollo de Productos Bióticos/Instituto Politécnico Nacional, Ctra. Yautepec-Jojutla, Km 6, calle Ceprobi Nº 8, Apdo. Postal Nº 24. Yautepec, Morelos, México, C.P. 62731.

santiago.gallegos@uady.mx

Doi: http://dx.doi.org/10.3926/oms.94

Referenciar este capítulo

Gallegos Tintoré, S., Chel Guerrero, L., Corzo Ríos, L.J., Matínez Ayala, A.L. (2013). Péptidos con actividad antioxidante de proteínas vegetales. En M. Segura Campos, L. Chel Guerrero & D. Betancur Ancona (Eds.), Bioactividad de péptidos derivados de proteínas alimentarias (pp. 111-122). Barcelona: OmniaScience.

1. Introducción

Compuestos oxidantes se producen constantemente en los seres vivos, los cuales pueden generar daños en proteínas, lípidos o ADN. Este daño oxidativo ha sido relacionado con el desarrollo de diversas enfermedades y con el envejecimiento. Asimismo, tiene gran importancia en los alimentos pudiendo afectar a su calidad nutrimental y funcional (Vioque & Millán, 2005). Estudios epidemiológicos destacan la importancia de los antioxidantes naturales (compuestos capaces de oxidarse en lugar de otros) en especial en la prevención del cáncer y de enfermedades cardiovasculares. Entre estos antioxidantes naturales se encuentran compuestos fitoquímicos, como los polifenoles, que han mostrado mayor efecto antioxidante que las vitaminas C, E o el β-caroteno (Cao, Sofic & Prior, 1996; Eberhardt, Lee & Liu, 2000). Estos compuestos proporcionan mecanismos para reducir los radicales libres originados por el estrés oxidativo, que tiene una incidencia directa en el incremento de los riesgos de desarrollar ciertas enfermedades. Los péptidos antioxidantes pueden limitar también el daño oxidativo, tanto en alimentos preparados (usándolos como antioxidantes naturales), así como al proteger de la oxidación a las células del organismo cuando éstos sean ingeridos en la dieta (Vioque & Millán, 2005).

Los péptidos antioxidantes pueden obtenerse a partir de la digestión de proteínas de origen animal o vegetal, ya sea empleando enzimas endógenas o exógenas, fermentación microbiana, procesamiento y durante la digestión gastrointestinal (Smaranayaka & Li-Chan, 2011). La hidrólisis con enzimas se ha utilizado ampliamente en la producción de péptidos antioxidantes a partir de proteínas alimentarias. Las enzimas comerciales alcalasa[MR], flavourzima[MR] y protamex[MR] derivadas de microorganismos, así como la papaína (fuente vegetal) y pepsina-tripsina (fuente animal) se han empleado también en la producción de péptidos antioxidantes (Gallegos-Tintoré, Torres-Fuentes, Martínez-Ayala, Solorza-Feria, Alaiz, Girón-Calle et al., 2011; Pihlanto, 2006; Sarmadi & Ismail, 2010). En productos alimentarios los péptidos antioxidantes también pueden producirse por la acción de microorganismos o enzimas proteolíticas endógenas (Samaranayaka & Li-Chan, 2011).

En general, los 20 aminoácidos presentes en las proteínas pueden reaccionar con radicales libres si la energía de éstos es alta (por ejemplo radicales hidroxilo). Los más reactivos incluyen los azufrados Met y Cis, los aromáticos Trp, Tir y Fen y los que contienen anillo imidazol como la His. Sin embargo, los aminoácidos libres en general no son efectivos como antioxidantes en alimentos y sistemas biológicos por lo que la proteólisis extensiva de proteínas alimentarias da como resultado la disminución de la actividad antioxidante (Smaranayaka & Li-Chan, 2011; Sarmadi & Ismail, 2010). La mayor actividad de los péptidos comparada con los aminoácidos libres se debe a las propiedades fisicoquímicas únicas conferidas por sus secuencias de aminoácidos. La mayoría de los péptidos antioxidantes derivados de fuentes alimentarias presentan intervalos de peso molecular de 500 a 1800 Da, asimismo, a menudo incluyen restos de aminoácidos hidrofóbicos como Val o Leu en el amino terminal así como Pro, His, Tir, Trp, Met y Cis en sus secuencias. Saito, Hao, Ogawa, Muramoto, Hatakeyama, Yasuhara et al. (2003) han estimado la actividad antioxidante de una biblioteca de tripéptidos estructuralmente relacionados con Pro-His-His, empleando un sistema de peroxidación del ácido linoléico, estos investigadores encontraron que los tripéptidos que contienen residuos de triptófano o tirosina en el carbono terminal presentan una fuerte actividad de captación de radicales libres. También se ha descubierto que los péptidos antioxidantes pueden ejercer un fuerte efecto sinérgico con algunos otros antioxidantes, por ejemplo, los compuestos fenólicos (Wang & González de Mejía, 2005).

1.1. Péptidos quelantes de metales

Ciertos metales como el cobre y hierro, son elementos traza fundamentales que juegan un papel vital como cofactores de muchas enzimas. Asimismo, se sabe que ciertos aminoácidos como histidina, metionina y cisteína así como pequeños péptidos pueden unirse al cobre y permitir su absorción a través de un sistema de transporte de aminoácidos (Gaetke & Chow, 2003).

Sin embargo, al igual que ocurre con el hierro, el cobre es capaz de producir especies reactivas de oxígeno que inducen la rotura de la cadena de ADN y la oxidación de sus bases. También es un potente catalizador de la oxidación de las lipoproteínas de baja densidad (LDL) (Burkitt, 2001). Esta oxidación puede promover la aterogénesis, al aumentar la transformación de macrófagos en células espumosas y desarrollar propiedades vasoconstrictoras y protrombóticas (Megías, 2008).

Los péptidos quelantes de cobre son ricos en histidina y previenen la actividad oxidativa del cobre mediante la quelación del ión metálico. El anillo de imidazol de este residuo está directamente implicado en la unión con el cobre. Por otra parte, también se ha observado que estos péptidos son ricos en arginina. Aunque este aminoácido carece de propiedades quelantes, puede que favorezca la unión del péptido con el ión metálico. Por tanto, los péptidos quelantes de cobre pueden ser útiles no sólo previniendo la actividad oxidativa del cobre que puede dañar las células del espacio luminal del estómago, sino que también pueden prevenir la oxidación de las LDL inducida por el cobre, si alcanzan el torrente sanguíneo también pueden ser útiles en órganos como el cerebro, donde el proceso oxidativo está implicado en el desarrollo de ciertas enfermedades. Por ejemplo, en el cerebro existe una modificación oxidativa de las LDL que ha sido relacionada con la patogénesis de enfermedades neurodegenerativas (Megías, 2008).

Por lo anterior, en este capítulo se presenta información relevante sobre algunos estudios llevados a cabo con péptidos antioxidantes obtenidos a partir de proteínas de fuentes vegetales convencionales y no convencionales.

2. Fuentes convencionales

2.1. Soya (*Glycine max* L.)

Los péptidos antioxidantes de la proteína de soya están compuestos de 3 a 16 aminoácidos incluyendo los aminoácidos hidrofóbicos valina ó leucina en las posiciones amino terminal así como prolina, histidina o tirosina en la secuencia. La capacidad antioxidante de los hidrolizados de proteína de soya se atribuye a péptidos con secuencia Leu-Leu-Pro-His-His. Asimismo, se ha identificado como sitio activo la secuencia Pro-His-His; es sabido que los péptidos que contienen Histidina en su estructura pueden actuar como quelantes de metales, captadores de radicales hidroxilo y especies reactivas de oxígeno (De Mejía & De Lumen, 2006; Pihlanto, 2008). Distintas condiciones de hidrólisis (la enzima, temperatura, preparación de la muestra) dan como resultado péptidos con diferente actividad antioxidante. Por ejemplo, el tratamiento del aislado de proteína de soya con las enzimas pepsina, papaína, quimotripsina, alcalasa[MR], protamex[MR] y flavorzima[MR] empleadas por separado, da como resultado hidrolizados con valores de grado de hidrólisis de 1.7 a 20.6% y actividad antioxidante de 28 a 65% utilizando el método para cuantificar las sustancias reactivas al ácido tiobarbitúrico (Tbars); para este estudio Liu, Chen y Lin (2005) obtuvieron los mejores resultados con las enzimas quimotripsina y flavorzima[MR]. Estos investigadores han demostrado que la leche de soya fermentada posee una actividad antimutagénica y antioxidante que puede ser considerada como una de las fuentes más promisorias de péptidos antioxidantes. Sin embargo, se necesita realizar más investigación para poder demostrar que los péptidos producidos durante la fermentación pueden jugar un papel importante en la actividad biológica (Liu et al., 2005).

La capacidad antioxidante de los péptidos de soya, depende de su estructura y se afecta por los procedimientos de hidrólisis. Al comparar la actividad antioxidante de 28 péptidos relacionados estructuralmente con Leu-Leu-Pro-His-His se encontró que la secuencia Pro-His-His era el sitio más activo, lo cual hace pensar que los péptidos que contienen histidina pueden actuar como quelantes de iones metálicos, captadores de radicales e inactivadores de especies reactivas de oxígeno (ERO) contribuyendo a su actividad (Wang & Gonzalez de Mejía, 2005). Asimismo, los péptidos derivados de proteína de soya pueden presentar actividad antioxidante más alta que la proteína de la cual provienen, por ejemplo, después de hidrolizar la β-conglicinina y la glicinina, su actividad de captación de radicales libres incrementó de 3 a 5 veces (De Mejía & De Lumen, 2006). Se han reportado seis péptidos antioxidantes provenientes de la hidrólisis de β-conglicinina con Proteasa S (de *Basillus sp.*) siendo las secuencias más activas Val-Asn-Pro-His-Asp-His-Gln-Asn, Leu-Val-Asn-Pro-His-Asp-His-Gln-Asn y Leu-Leu-Pro-His-His (Chen et al., 1995) (Tabla 1).

Fuente de péptidos	Secuencias reportadas	Referencia
Soya	Leu-Leu-Pro-His-His; Val-Asn-Pro-His-Asp-His-Gln-Asn; Leu-Val-Asn-Pro-His-Asp-His-Gln-Asn; Leu-Leu-Pro-His-His	Wang & González de Mejía, 2005; Chen et al., 1995
Endospermo de arroz	Fen-Arg-Asp-Glu-His-Lis-Lis; Lis-His-Asp-Arg-Gli-Asp-Glu-Fen	Zhang et al., 2010
Garbanzo	Asn-Arg-Tir-His-Glu	Zhang et al., 2011
Colza	Pro-Ala-Gli-Pro-Fen	Bing-Zhang et al., 2009
Trigo Sarraceno	Trp-Pro-Leu; Val-Pro-Trp; Val-Fen-Pro-Trp Pro-Trp y Trp	Ma et al., 2010

Tabla 1. Secuencias de aminoácidos de péptidos con actividad antioxidante de distintas fuentes vegetales

La lunasina es un péptido de 43 aminoácidos presente en la proteína de soya, el cual ha demostrado ser un agente anticancerígeno promisorio, este nuevo péptido puede encontrarse en intervalos de 0.1 a 1.33 g/100g de harina en diferentes variedades de soya. La lunasina se encuentra en la fracción 2S de la proteína de soya, asimismo, otros péptidos de soya con propiedades similares son los inhibidores de tripsina Kunitz y de Bowman-Birk; en general los estudios indican que los péptidos hidrofóbicos pueden presentar actividad anticancerígena (De Mejía & De Lumen, 2006; Martínez & Martínez, 2006).

2.2. Arroz (*Oryza sativa* L.)

El arroz es un cereal considerado alimento básico en muchas culturas. La proteína del endospermo de arroz es hipoalergénica y contiene una buena cantidad de lisina, la cual es mayor a la del trigo y maíz. En China con la expansión de la producción de almidón a partir de arroz, la proteína del endospermo (aproximadamente el 60-85% de subproducto del proceso) se encuentra disponible en grandes cantidades y bajo costo. En un estudio llevado a cabo por Zhang, Zhang, Wang, Guo, Wang y Yao (2010), la proteína desgrasada del endospermo de arroz se hidrolizó empleando diferentes proteasas (alcalasa[MR], quimotripsina, neutrasa[MR], papaína y flavorasa[MR]) para obtener péptidos con actividad antioxidante. El hidrolizado enzimático obtenido con neutrasa[MR] mostró la actividad antioxidante más alta (captación de radicales libres DPPH, hidroxil y superóxido) y 86.6% de inhibición de la autooxidación del ácido linoléico en sistemas modelo. Dos diferentes péptidos mostraron fuerte actividad antioxidante, estos se aislaron del hidrolizado de proteína empleando diferentes métodos incluyendo cromatografía de intercambio iónico, filtración en gel y cromatografía líquida de alta resolución en fase reversa, estos fueron identificados por espectrometría de masas MALDI-TOF/TOF con las secuencias Fen-Arg-Asp-Glu-His-Lis-Lis (959.5 Da) y Lis-His-Asp-Arg-Gli-Asp-Glu-Fen (1002.5 Da) (Zhang et al., 2010). Posteriormente, el primero se sintetizó y se determinó la actividad antioxidante en un sistema modelo de ácido linoléico y mediante sistemas celulares. Los resultados confirmaron la actividad del péptido por lo que se concluye que es factible producir antioxidantes naturales a partir de la proteína del endospermo de arroz (Tabla 1).

2.3. Maíz (*Zea mays* L.)

La zeína es una proteína soluble en alcohol, la cual es un subproducto del proceso de obtención de almidón de maíz. Zhu, Chen, Tang y Xiong (2008), evaluaron el potencial antioxidante de hidrolizados obtenidos a partir de la digestión de esta proteína con alcalasa[MR], y posterior tratamiento con pepsina/pancreatina. Los hidrolizados se fraccionaron por cromatografía líquida de alta resolución y se determinó la actividad antioxidante de los hidrolizados y las fracciones peptídicas obtenidas. Los resultados mostraron que la digestión in vitro del hidrolizado de proteína de zeína contenía hasta un 16.5% de aminoácidos libres con péptidos cortos (<500 Da). Las fracciones peptídicas ricas en di, tri y tetrapéptidos (1-8mg/ml de proteína) tienen una actividad antioxidante comparable e incluso mayor a la de 0.1mg/ml de ácido ascórbico o Butilhidroxianisol (BHA). Sin embargo, la secuencia de los péptidos responsables de la actividad no ha sido reportada.

2.4. Garbanzo (*Cicer arietinum* L.)

Zhang, Li, Miao y Jiang (2011) reportan la purificación de un péptido con actividad antioxidante obtenido a partir del hidrolizado de proteína de garbanzo digerido con alcalasa[MR], el péptido se obtuvo por separación del hidrolizado mediante Sephadex[MR] G-25, siendo la fracción de menor peso molecular la que presentó la mayor actividad antioxidante. Asimismo, la secuencia de aminoácidos del péptido se identificó como Asn-Arg-Tir-His-Glu con peso molecular de 717.37 Da y radio molar 1:1:1:1:1 para los cinco aminoácidos en la secuencia. Este péptido presentó actividad de captación de radicales libres DPPH, hidroxilo y superóxido, además de actividad quelante de hierro y cobre con valores de 76.9 y 63% respectivamente, evaluando una concentración del péptido de 50 µg/mL. Además la inhibición de la peroxidación lipídica resultó ser mayor al estándar de α-tocoferol. El radio de inhibición de la autooxidación del ácido linoléico fue de 88.8% a los ocho días del análisis. Por otra parte, Torres-Fuentes, Alaiz y Vioque (2011) fraccionaron un hidrolizado de proteína de garbanzo (obtenido mediante tratamiento con pepsina/pancreatina) empleando una columna de afinidad con cobre inmobilizado. Estos investigadores reportan un valor de quelación de 28, 36.7 y 45% evaluando 60 μg de cada fracción (F1, F2 y F3). La fracción F1 presentó alto contenido de Lis (11.5 g/100g de proteína) y Arg (24.9 g/100g) mientras que las fracciones F2 y F3 presentaron un alto contenido de His (17.4 y 22.9 g/100g respectivamente) existiendo una correlación positiva entre el contenido de este aminoácido y la capacidad quelante de cobre. Estas fracciones fueron posteriormente separadas por cromatografía de filtración en gel y las subfracciones obtenidas se analizaron, obteniendo los valores más altos de quelación para F2B, F2D, F3D y F3E por arriba del 80% evaluando 30 μg de muestra; el peso molecular de estas subfracciones fue de 1205, 105, 308 y 162 Da respectivamente. Estos resultados muestran que los péptidos quelantes generados durante la digestión de la proteína de garbanzo pueden prevenir la generación de ERO y favorecer la absorción de minerales (Tabla 1).

3. Fuentes no convencionales

3.1. Amaranto (*Amaranthus spp.*)

El amaranto es una semilla perteneciente a la familia Amarantaceae, es un cultivo americano ancestral que fue utilizado por los mayas, aztecas e incas. Es considerado un seudocereal y contiene alto valor nutritivo con alto contenido de proteína (15-17%) y excelente balance de aminoácidos. Se ha descrito la presencia en semillas de amaranto, de algunos fitoquímicos como lectinas, polifenoles, saponinas, inhibidores de tripsina y fitatos con efectos fisiológicos en humanos (Guzmán-Maldonado & Paredes-López, 1998). También se han reportado algunas actividades biológicas de sus proteínas, tales como la disminución del contenido de colesterol, debido a la ingesta de sus semillas o extrudidos (Plate & Arêas, 2002). Referente a las propiedades antioxidantes, esta actividad se ha atribuido a los compuestos polifenólicos y al escueleno presentes en la planta. Sobre la actividad antioxidante de proteínas o péptidos de amaranto *(Amaranthus mantegazzianus),* Tironi y Añon (2010) han demostrado la presencia de péptidos y polipéptidos solubles los cuales poseen actividad de captación de radicales libres. Las moléculas activas se distribuyen en las diferentes fracciones (Albúminas, Globulinas y Glutelinas) siendo la fracción de glutelinas la que presentó mayor actividad. Asimismo, la hidrólisis con alcalasa[MR] mejoró la actividad antioxidante tanto del aislado como de las fracciones. Los péptidos antioxidantes con peso molecular menor a 500 Da fueron los más activos y la fracción peptídica con peso molecular menor a 250 Da no presentó una buena capacidad de captación de radicales libres pero si considerable capacidad para prevenir la oxidación del ácido linoléico, sin embargo hasta el momento la secuencia de aminoácidos no ha sido reportada.

3.2. Trigo Sarraceno (*Fagopyrum esculentum* Moench)

Es un grano de uso tradicional considerado como una fuente de alimentos funcionales debido a los estudios científicos que relacionan el consumo de sus proteínas con beneficios para la salud, como reducción del colesterol, inhibición de tumores y regulación de la hipotensión. Sus propiedades se relacionan con la capacidad de captación de radicales libres de sus productos de digestión proteica, por lo que existe la hipótesis de que durante la hidrólisis se liberan fragmentos peptídicos capaces de estabilizar las especies reactivas de oxígeno e inhibir la oxidación lipídica (Ma, Xiong, Zhai, Zhu & Dziubla, 2010). Estudios realizados por Chuang-He, Jing, Da-Wen y Zhong (2009) demuestran que los productos de hidrólisis del aislado proteico de trigo Sarraceno obtenidos con alcalasa[MR] presentan excelente actividad antioxidante como captación de radicales libres, poder reductor e inhibición de la peroxidación del ácido linoléico, esto se debe a que las proteínas son ricas en compuestos polifenólicos. Asimismo, Ma et al. (2010) hidrolizaron la misma proteína empleando pepsina y pancreatina, encontrando que el hidrolizado obtenido a las 2h de digestión con pancreatina, presentó la actividad antioxidante más alta, posteriormente este hidrolizado, se fraccionó con Sephadex[MR] G-25 mediante filtración en gel. De las seis fracciones colectadas, las fracciones IV (456 Da) y VI (362 Da) mostraron la más alta actividad de captación de radicales ABTS, por último se identificaron las secuencias de los péptidos como Trp-Pro-Leu, Val-Pro-Trp y Val-Fen-Pro-Trp (IV) con masas de 415, 401 y 548 Da respectivamente, Pro-Trp (V) y Trp (VI) siendo estos los más prominentes para cada fracción (Tabla 1).

3.3. Colza (*Brassica napus* L.)

Bing-Zhang, Wang y Ying-Xu (2009) a partir de una fracción peptídica de proteína de colza (obtenida con alcalasa[MR]) identificada como RP55 y empleando cromatografía de intercambio aniónico, obtuvieron tres fracciones (E1, E2 y E3) las cuales presentaron actividad antioxidante mayor a la de la fracción original. La fracción E2 con el mayor contenido de proteína se purificó secuencialmente con cromatografía de filtración en gel y cromatografía líquida de alta resolución en fase reversa, encontrando que la dosis efectiva media para el radical DPPH fue 0.063 mg/mL, identificando la secuencia mediante espectrometría de masas como Pro-Ala-Gli-Pro-Fen con peso molecular de 487 Da. Este péptido contiene dos residuos de Pro, los cuales se piensa contribuyen considerablemente en la actividad antioxidante, por ejemplo de péptidos de soya o leches fermentadas (Bing-Zhang et al., 2009) (Tabla 1).

3.4. Piñón mexicano (*Jatropha curcas* L.)

El piñón mexicano es una planta originaria de México y América central perteneciente a la familia *Euphorbiaceae* (Carels, 2009; Martínez-Herrera, Martínez-Ayala, Makkar, Francis & Becker, 2010), la planta se cultiva para producir aceite, sin embargo debido al contenido de aminoácidos aromáticos en su proteína, la pasta residual resultante del proceso de obtención de aceite es una fuente importante de péptidos antioxidantes. Gallegos-Tintoré et al. (2011) determinaron la actividad antioxidante y quelante del hidrolizado obtenido a partir de la digestión del aislado proteico de *J. curcas* con alcalasa[MR] (50 min de digestión, grado de hidrólisis (GH) 31.7%), encontrando valores de captación de radicales libres DPPH de 45.5%, poder reductor de 0.24 (evaluando 1mg de proteína), inhibición de oxidación del β-caroteno de 63.2% (evaluando 500 µg de proteína), quelación de cobre 65.6% y hierro de 62.7% (evaluando 200 µg de proteína).

Las actividad también se determinó en fracciones peptídicas provenientes del fraccionamiento del hidrolizado mediante cromatografía de filtración en gel (FPLC). En general, las fracciones de bajo peso molecular presentaron la mayor actividad, siendo ésta superior a la de los hidrolizados, con inhibición de la oxidación del β-caroteno de 91% y quelación de cobre de 90.6% (evaluando 100 µg de proteína), lo cual estuvo correlacionado con su alto contenido de aminoácidos antioxidantes y quelantes como la His, Arg, Tir y Fen. Las masas moleculares (MM) de los péptidos se identificaron mediante espectrometría de masas MALDI-TOF, encontrando péptidos con intervalos de masa molecular entre 889-1535, 821-1330 y 879-1368 Da, sin embargo hasta el momento la secuencia de aminoácidos de los péptidos no ha sido reportada.

4. Perspectivas para el uso de péptidos antioxidantes

Análogamente a otros sistemas biológicos, el daño oxidativo también tiene gran importancia en los alimentos. Una consecuencia habitual es la peroxidación lipídica que produce rancidez, aparición de sabores inaceptables para el consumidor y disminución de la vida comercial del producto. Para evitar estos efectos negativos, en la industria alimentaria se emplean antioxidantes. Los más utilizados son antioxidantes sintéticos como Butilhidroxitolueno (BHT) y Butilhidroxianisol (BHA), pero debido a que recientemente se ha descrito la posible toxicidad de estos compuestos sobre el organismo humano, se ha potenciado la búsqueda de antioxidantes de fuentes naturales (Liu et al., 2005). Entre estos hay que destacar compuestos fenólicos, como tocoferol o vitamina E, carotenoides y catequinas. Estos antioxidantes naturales presentan algunas desventajas; su capacidad antioxidante es más baja y la mayoría de ellos (carotenoides y compuestos fenólicos) son insolubles en agua (Megías, 2008).

Los hidrolizados proteicos y fracciones peptídicas pueden emplearse como ingredientes funcionales en sistemas alimentarios para reducir los cambios oxidativos durante el almacenamiento. Varios estudios reportan la actividad antioxidante de hidrolizados proteicos y péptidos aislados de diversas fuentes. Los caseinofosfopéptidos derivados de la digestión tríptica de la caseína se han incorporado a cereales para el desayuno, panes, pastas, chocolate, jugos, té y mayonesa (Smaranayaka & Li-Chan, 2011). Los péptidos producidos por hidrólisis enzimática son capaces de prevenir la modificación oxidativa de proteínas intactas. Por ejemplo, los hidrolizados de proteína de papa minimizan el daño a la cadena aminoacídica y los cambios estructurales en proteínas miofibrilares expuestas a grupos hidroxilo reactivos generados por sistemas oxidativos (Wang & Xiong, 2008). Los antioxidantes obtenidos a partir de diferentes fuentes alimentarias se comercializan para la formulación de productos tópicos empleados en la prevención del envejecimiento y el daño en la piel ocasionado por las radiaciones UV, así como para tratar las arrugas y el eritema ocasionado por la inflamación, sin embargo, el empleo de estos péptidos antioxidantes como cosméticos no es muy común (Smaranayaka & Li-Chan, 2011).

Por último, en los Estados Unidos de Norteamérica, los hidrolizados de proteína vegetal han sido incorporados como aditivos en alimentos específicos y se permite su utilización como ingredientes en la mayoría de los países. Sin embargo, cuando el proceso de manufactura del hidrolizado o la fracción peptídica específica conduce a un cambio significativo en composición, estructura, o nivel de sustancias indeseables que afecten el valor nutritivo, el metabolismo o la seguridad, el producto en cuestión deberá ser evaluado por un panel de expertos antes de introducirse al mercado. Además, el amargor y algunos otros problemas organolépticos potenciales, así como la estabilidad de los péptidos antioxidantes durante el procesamiento del alimento, deberán ser evaluados antes de incorporar un hidrolizado proteico de interés a un alimento (Smaranayaka & Li-Chan, 2011).

5. Retos

Pocos productos comerciales están disponibles a la fecha, lo cual se atribuye a una variedad de razones como la escasez de los ensayos clínicos (para confirmar la bioactividad, eficacia y seguridad), alto costo de producción, problemas en la preparación, reproducibilidad del producto, amargor, color y otros problemas organolépticos (Smaranayaka & Li-Chan, 2011).

Es importante estudiar las propiedades tecno-funcionales de las fracciones peptídicas y como esos péptidos pueden retener sus actividades antioxidantes en diferentes matrices alimentarias. Los péptidos antioxidantes tienen la habilidad de interactuar con otros componentes de la matriz alimentaria como carbohidratos y lípidos, por lo que estos pueden perder su actividad durante el procesamiento del alimento. Adicionalmente, las secuencias peptídicas antioxidantes de interés podrían presentar efectos sinérgicos o antagónicos con otros antioxidantes y/o metales traza presentes en el alimento así como sistemas biológicos e incluso actuar como pro-oxidantes bajo ciertas condiciones. Esos factores deberían ser considerados cuidadosamente para posibles aplicaciones. Comparados con los péptidos aislados puros los extractos que contienen péptidos crudos o semipurificados son más factibles para su empleo en productos alimenticios. Además, los extractos crudos pueden contener varios péptidos diferentes que pueden actuar sinérgicamente para ejercer acción antioxidante. Por otro lado, otros componentes como los pigmentos y lípidos traza en extractos crudos pueden causar problemas de color y sabor. El reto más grande para esta línea de investigación es el establecimiento del potencial bioactivo así como la identificación de los mecanismos mediante los cuales estos péptidos pueden ejercer su actividad biológica. También es importante saber cual es el destino de los péptidos antioxidantes durante su paso a través del tracto gastrointestinal, así como establecer biomarcadores para la evaluación de su actividad antioxidante *in vivo*. Asimismo, deben investigarse las posibles estrategias para incrementar la permeabilidad celular de péptidos antioxidantes derivados de alimentos (Smaranayaka & Li-Chan, 2011).

6. Conclusiones

Los péptidos antioxidantes obtenidos a partir de proteínas de origen vegetal, convencionales o alternas, mediante enzimas de origen vegetal, animal o microbiana, tienen gran potencial de empleo en el desarrollo de antioxidantes seguros para la industria de alimentos y farmacéutica, sin embargo, será necesario estudios a otro nivel para conocer su actividad antioxidante in vivo así como posible toxicidad para el ser humano, lo que se ha vuelto un tema de relevancia en los trabajos de investigación recientes.

Referencias

Bing-Zhang, S., Wang, Z., & Ying-Xu, S. (2009). Purification and characterization of a Radical scavenging peptide from rapeseed protein hydrolysates. *J Am Oil Chem Soc., 86,* 959-966. http://dx.doi.org/10.1007/s11746-009-1404-5

Burkitt, M.J. (2001). A critical overview of the chemistry of copper-dependent low density lipoprotein oxidation: roles of lipid hydroperoxides, α-tocopherol, thiols, and ceruloplasmin. *Arch Biochem Biophys., 394,* 117-135. http://dx.doi.org/10.1006/abbi.2001.2509

Cao, G., Sofic, E., & Prior, R.L. (1996). Antioxidant Capacity of Tea and Common Vegetables. *J. Agric. Food Chem., 44(11),* 3426-3431. http://dx.doi.org/10.1021/jf9602535

Carels, N. (2009). Jatropha curcas: A Review. In Jean-Claude Kader and Michel Delseny (Eds.). *Advances in Botanical Research, 50.* Chapter 2. Academic Press. 39-86. http://dx.doi.org/10.1016/S0065-2296(08)00802-1

Chen, H.M., Muramoto, K., & Yamauchi, F. (1995). Structural analysis of antioxidative peptides from soybean β-conglycinin. *J Agric Food Chem., 43,* 574-578. http://dx.doi.org/10.1021/jf00051a004

Chuang-He, T., Jing, P., Da-Wen, Z., & Zhong, C. (2009). Physicochemical and antioxidant properties of buckwheat (Fagopyrum esculentum Moench) protein hydrolysates. *Food Chem., 115,* 672-678. http://dx.doi.org/10.1016/j.foodchem.2008.12.068

De Mejía, E., & De Lumen, B.O. (2006). Soybean bioactive peptides a new horizon in preventing chronic diseases. *Sex Rep Menopause, 4(2),* 91-95. http://dx.doi.org/10.1016/j.sram.2006.08.012

Eberhardt, M.V., Lee, C.Y. & Liu, R.H. (2000). Antioxidant activities of fresh apples. *Nature, 405,* 903-904.

Gaetke, L.M., & Chow, C.K. (2003). Copper toxicity, oxidative stress, and antioxidant nutrients. *Toxicology, 189,* 147-163. http://dx.doi.org/10.1016/S0300-483X(03)00159-8

Gallegos-Tintoré, S., Torres-Fuentes, C., Martínez-Ayala, A.L., Solorza-Feria, J., Alaiz, M., Girón-Calle, J., & Vioque, J. (2011). Antioxidant and chelating activity of Jatropha curcas L. proteína hydrolysates. *J Sci Food Agric., 91,* 1618-1624. http://dx.doi.org/10.1002/jsfa.4357

Guzmán-Maldonado, S., & Paredes-López, O. (1998). Functional products of plants indigenous to Latin American Amaranth, quinoa, common beans and botanicals. In G. Mazza (Ed.). *Functional foods. Biochemical and processing aspects,* 293-327. Boca Ratón: CRS Press Inc.

Liu, J.R., Chen, M.J., & Lin, C.W. (2005). Antimutagenic and antioxidant properties of milk-kefir and soymilk-kefir. *J. Agric. Food Chem., 53(7),* 2467-2474. http://dx.doi.org/10.1021/jf048934k

Ma, Y., Xiong, Y.L., Zhai, J., Zhu, H., & Dziubla, T. (2010). Fractionation and evaluation of radical scavenging peptides from in vitro digests of Buckwheat protein. *Food Chem., 118,* 582-588. http://dx.doi.org/10.1016/j.foodchem.2009.05.024

Martínez, A.O., & Martínez, E. (2006). Proteínas y péptidos en nutrición enteral. *Nutr. Hosp., 21(Supl. 2),* 1-14.

Martínez-Herrera, J., Martínez-Ayala, A., Makkar, H., Francis, G., & Becker, K. (2010). Agroclimatic conditions, chemical and nutritional characterization of different provenances of Jatropha curcas L from Mexico. *Eur J Sci Res, 39(3),* 396-407.

Megías, B.C. (2008). *Purificación de péptidos bioactivos a partir de hidrolizados proteicos de girasol.* Doctorado en Ciencias, Instituto de la Grasa, Departamento de fisiología y tecnología de productos vegetales, Consejo Superior de Investigaciones Científicas, Sevilla, España, 70-72.

Pihlanto, A. (2008). Antioxidative peptides derived from milk proteins. *Int Dairy J., 16,* 1306-1314. http://dx.doi.org/10.1016/j.idairyj.2006.06.005

Plate, A., & Arêas, J. (2002). Cholesterol-lowering effect of extruded amaranth (Amaranthus caudatus L.) in hypercholesterolemic rabbits. *Food Chem., 76,* 1-6. http://dx.doi.org/10.1016/S0308-8146(01)00238-2

Saito, K., Hao, J.D., Ogawa, T., Muramoto, K., Hatakeyama, E., Yasuhara, T., & Nokihara, K. (2003). Antioxidative properties of tripeptide libraries prepared by combinatorial chemistry. *J. Agric. Food Chem., 51(12),* 3668-3674. http://dx.doi.org/10.1021/jf021191n

Samaranayaka, A.G.P., & Li-Chan, E. (2011). Food-derived peptidic antioxidants: A review of their production, assessment, and potential applications. *J Func Foods, 3(4),* 229-254. http://dx.doi.org/10.1016/j.jff.2011.05.006

Sarmadi, B.H., & Ismail, A. (2010). Antioxidative peptides from food proteins: A review. *Peptides, 31(10),* 1949-1956. http://dx.doi.org/10.1016/j.peptides.2010.06.020

Tironi, V.A., & Añón, M.C. (2010). Amaranth proteins as a source of antioxidant peptides: Effect of proteolysis. *Food Res Int., 43,* 315-322. http://dx.doi.org/10.1016/j.foodres.2009.10.001

Torres-Fuentes, C., Alaiz, M., & Vioque, J. (2011). Affinity purification and characterisation of chelating peptides from chickpea protein hydrolysates. *Food Chem., 129,* 485-490. http://dx.doi.org/10.1016/j.foodchem.2011.04.103

Vioque, J., & Millán, F. (2005). Los péptidos bioactivos en alimentación: nuevos agentes promotores de salud. *CTC Alimentación, 26,* 103-107.

Wang, L.L., & Xiong, Y.L. (2008). Inhibition of oxidant –induced biochemical changes of pork myofibrillar protein by hydrolyzed potato protein. *J Food Sci., 73,* C482-C487. http://dx.doi.org/10.1111/j.1750-3841.2008.00802.x

Wang, W., & González de Mejía, E. (2005). A New frontier in soy bioactive peptides that may prevent age-related chronic diseases. *Compr. Rev. Food Sci. F., 4,* 63-76. http://dx.doi.org/10.1111/j.1541-4337.2005.tb00075.x

Zhang, J., Zhang, H., Wang, L., Guo, X., Wang, X., & Yao, H. (2010). Isolation and identification of antioxidative peptides from rice endosperm protein enzymatic hydrolysate by consecutive chromatography. *Food Chem., 119,* 226-234. http://dx.doi.org/10.1016/j.foodchem.2009.06.015

Zhang, T., Li, Y., Miao, M., & Jiang, B. (2011). Purification and characterisation of a new antioxidant peptide from chickpea (*Cicer arietium* L.) protein hydrolysates. *Food Chem., 128,* 28-33. http://dx.doi.org/10.1016/j.foodchem.2011.02.072

Zhu, L., Chen, J., Tang, X., & Xiong, Y.L. (2008). Reducing, radical scavenging, and chelation properties of in vitro digests of alcalase – treated zein hydrolysate. *J Agric Food Chem., 56,* 2714-2721. http://dx.doi.org/10.1021/jf703697e

Capítulo 5

Actividad antitrombótica y anticariogénica de hidrolizados proteínicos de frijol lima (*Phaseolus lunatus*)

Alfredo Córdova Lizama, Jorge Ruiz Ruiz, Maira Segura Campos, David Betancur Ancona, Luis Chel Guerrero

Facultad de Ingeniería Química, Universidad Autónoma de Yucatán, Periférico Norte. Km. 33.5, Tablaje catastral 13615, Col. Chuburná de Hidalgo Inn, Mérida, Yucatán, CP 97203, México.

javinel_14@hotmail.com, jcruiz_ruiz@hotmail.com, maira.segura@uady.mx, bancona@uady.mx, cguerrer@uady.mx

Doi: http://dx.doi.org/10.3926/oms.35

Referenciar este capítulo

Córdova Lizama, A., Ruiz Ruiz, J., & Segura Campos, M., Betancur Ancona, D., & Chel Guerrero, L. (2013). Actividad antitrombótica y anticariogénica de hidrolizados proteínicos de firjol lima (*Phaseolus lunatus*). En M. Segura Campos, L. Chel Guerrero & D. Betancur Ancona (Eds.), *Bioactividad de péptidos derivados de proteínas alimentarias* (pp. 123-137). Barcelona: OmniaScience.

1. Introducción

Las enfermedades cardiovasculares (ECV) son la principal causa de muerte en todo el mundo, se calcula que en el 2008 murieron por esta causa 17.3 millones de personas, lo cual representa un 30% de todas las defunciones registradas a nivel mundial en dicho año. Las muertes por ECV afectan por igual a ambos sexos y más del 80% se producen en países en desarrollo. Se calcula que para el 2030 morirán cerca de 25 millones de personas por ECV y se considera que seguirán siendo la principal causa de muerte (Montero-Granados & Monge-Jiménez, 2010). De acuerdo con datos de la Organización Mundial de la Salud, 5 mil millones de personas padecen caries dental, lo que equivale aproximadamente a un 80% de la población mundial; en América Latina el porcentajes se incrementa al 96% de la población (González-Sánchez, Martínez-Naranjo, Alfonzo-Betancourt, Rodríguez Palanco & Morales-Martínez, 2009). Actualmente en México, las enfermedades cardiovasculares (trombosis) y bucales (caries), afectan a un elevado porcentaje de la población. Las enfermedades isquémicas del corazón, incluidas trombosis arterial y venosa, son la primera causa de muerte a nivel nacional (NAAIS, 2005). En lo que respecta a los problemas bucales, el porcentaje de personas con caries en el país es muy elevado. Datos de la Encuesta Nacional de Caries 1997-2001, indican que entre el 85 y 95% de la población infantil y juvenil presenta uno o varios órganos dentarios afectados por los procesos cariosos (Canseco, 2001).

Desde el punto de vista terapéutico, para el tratamiento de la trombosis se emplean durante tiempos prolongados fármacos con efecto anticoagulante y para la caries, tratamientos odontológicos que incluyen la remoción parcial o total del material dental afectado. Los fármacos antitrombóticos presentan una serie de efectos secundarios tales como hemorragias, neutropenia (reducción de granulocitos), trombocitopenia (reducción de plaquetas) y toxicidad hepática (Arzamendi, Freixa, Puig & Heras, 2006). En el caso de los tratamientos odontológicos, estos resultan poco accesibles sobre toda para ciertos estratos socioeconómicos de la población (Canseco, 2001). En este sentido cobra mayor importancia la prevención de dichas patologías, sobre todo desde el punto de vista dieta-salud. En este sentido, en los últimos años, el estudio de las proteínas de los alimentos como componentes beneficiosos, no solo desde un punto de vista funcional o nutricional, está recibiendo una gran atención. En este sentido, se viene investigando la presencia de diferentes péptidos bioactivos en proteínas de diversos tipos de alimentos, los cuales tienen la capacidad de actuar de manera beneficiosa sobre diversos procesos fisiológicos del organismo. Los péptidos bioactivos son secuencias de aminoácidos de pequeño tamaño, entre 2 y 15 aminoácidos, inactivas dentro de la proteína intacta pero que pueden ser liberados durante la digestión del alimento en el organismo del individuo (Vioque, Sánchez-Vioque, Clemente, Pedroche, Yust & Millán, 2000). También, las proteínas de los alimentos pueden digerirse de manera artificial en el laboratorio mediante el uso de reactores de hidrólisis enzimática para liberar los péptidos bioactivos. Estos péptidos, una vez purificados o concentrados, podrían añadirse a otros alimentos para su ingesta, obteniéndose de esta forma alimentos funcionales, los cuales pueden ayudar en el tratamiento o prevención de ciertas patologías crónico degenerativas (Segura-Campos, Chel-Guerrero & Betancur-Ancona, 2010). Estudios recientes, como los realizados por Warner, Kanekanian y Andrews (2001), Cai, Shen, Morgan y Reynolds, (2003) y Aimutis (2004), han demostrado que péptidos presentes en la leche y en el suero lácteo, presentan actividad antitrombótica y anticariogénica. La actividad biológica de los péptidos antitrombóticos está relacionada con su similitud estructural con la cadena γ del fibrinógeno humano, de forma que entran en competencia con los receptores plaquetarios superficiales, inhibiendo así la agregación que da lugar a la formación de trombos (Baró, Jiménez,

Martíenez-Férez & Bouza, 2001). Algunos péptidos presentan capacidad anticariogénica debido a la carga negativa de los aminoácidos que los constituyen, principalmente los que tienen unidos grupos fosfatos, de esta forma presentan un sitio para quelar minerales; es así como el efecto anticariogénico se presenta a través de la recalcificación del esmalte dental (Aimutis, 2004). Las proteínas son ampliamente utilizadas en la formulación y procesamiento de alimentos como ingredientes, por su importancia nutrimental, sensorial y aplicación tecnológica. Debido a lo anterior y a la creciente búsqueda de los consumidores por alimentos e ingredientes funcionales, es necesario proveer productos que satisfagan estas necesidades y que aporten un valor agregado a la salud por medio de compuestos que potencialicen o agreguen diversas propiedades a los nuevos alimentos, ya sean de carácter funcional, nutrimental o bioactivo. Como las proteínas animales, tradicionalmente empleadas por su gran valor nutritivo y propiedades funcionales, son difíciles de adquirir debido a su elevado costo de producción, ha sido necesario buscar alternativas de menor costo, de fuentes regionales y con la viabilidad de reducir los riesgos de enfermedades crónicas, siendo las proteínas vegetales la mejor alternativa. En este contexto, destacan las leguminosas, como *Phaseolus lunatus* (Figura 1), la cual se cultiva en el sureste mexicano y es considerada una importante fuente de nutrientes, ya que posee un contenido de proteína de 21 a 26%, carbohidratos de 55 a 64%, grasa de 1 a 2.3% y fibra de 3.2 a 6.5%, además de un alto contenido de minerales como K, Zn, Ca, Fe (Betancur, Gallegos & Chel, 2001). Considerando lo anterior, el objetivo del presente estudio fue evaluar la actividad biológica antitrombótica y anticariogénica de hidrolizados proteínicos de *Phaseolus lunatus*, obtenidos vía hidrólisis enzimática *in vitro*.

Figura 1. Planta de frijol lima (Phaseolus lunatus)

2. Materiales y métodos

2.1. Obtención de la harina de *P. lunatus*

Se emplearon granos de *P. lunatus* provenientes de la cosecha 2012 del estado de Yucatán, México. Los granos se limpiaron y se seleccionaron lo que no presentaron ningún tipo de daño físico para molerlos. La harina obtenida se tamizó a través de mallas tamaño 80 (0.117mm) y 100 (0.149 mm) hasta obtener una harina con partículas menores a 0.149 mm.

2.2. Obtención del concentrado proteínico de *P. lunatus*

Se empleó el método reportado por Betancur et al. (2004). La harina se dispersó en agua destilada en una relación 1:6 p/v y se ajustó el pH a 11 con NaOH 1.0 N. La dispersión se agitó por 1 h a 400 rpm, posteriormente la suspensión se filtró a través de tamices de malla 80 (0.177mm) y 100 (0.149 mm) para eliminar la fibra. El residuo sólido se lavó cinco ocasiones con agua destilada (1:3, p/v), recuperando y mezclando el agua de lavado con el sobrenadante de la suspensión inicial. Se dejó reposar a temperatura ambiente por 1 h para precipitar el almidón. El sobrenadante rico en proteína se decantó. El pH del sobrenadante se ajustó con HCl 1.0 N a su punto isoeléctrico (4.5), la solución se centrifugó a 4500 x g por 30 min. El precipitado se secó a -47°C y 13 x 10^{-3} mbar en una liofilizadora.

2.3. Composición proximal de la harina y el concentrado proteínico de *P. lunatus*

Se determinó de acuerdo con los métodos de la AOAC (1997): Humedad (Método 925.09) secado en estufa a 105 °C hasta peso constante. Cenizas (Método 923.03), residuo inorgánico resultante de la incineración a 550°C hasta la pérdida total de materia orgánica. Grasa cruda (Método 920.39), lípidos libres extraídos con hexano en un sistema Soxhlet. Proteína cruda (Método 954.01), por el método Kjeldahl, por digestión ácida y destilación alcalina, usando 6.25 como factor de conversión de nitrógeno a proteína. Fibra cruda (Método 962.09), residuo orgánico combustible e insoluble que se obtiene después de que la muestra fue sometida a digestiones ácida y alcalina. Extracto libre de nitrógeno (ELN), se calculó por diferencia.

2.4. Hidrólisis del concentrado proteínico

Para la hidrólisis se empleó pepsina de mucosa gástrica porcina (Sigma-Aldrich, P7000), con una actividad enzimática ≥ 250 unidades/mg de sólido. La reacción se efectuó de acuerdo con la metodología reportada por Vioque, Megías, Yust, Pedroche, Lquari, Girón-Calle et al. (2004). El tiempo de reacción fue de 10 min, la concentración de sustrato del 4%, la relación enzima:sustrato 1:10, la temperatura de 37°C y el pH de 2. La reacción se efectuó en un vaso de precipitado de 2 L colocado en un baño de agua, el volumen de la suspensión fue de 1 L. La agitación se efectuó a 300 rpm, se empleó un termómetro para determinar la temperatura de hidrólisis, así como un electrodo para establecer el pH y poder ajustarlo con NaOH 0.1N o HCl 0.1 N. La hidrólisis se detuvo colocando la muestra en un baño a 80°C durante 20 min, finalmente se centrifugó a 10,000 x g por 20 min, la porción soluble se conservó en congelación (Pedroche, Yust, Girón-Calle, Alaiz, Millán & Vioque, 2002).

2.5. Determinación del grado de hidrólisis

El porcentaje del grado de hidrólisis (%GH) se determinó empleando la metodología propuesta por Nielsen, Petersen y Dambmann (2001). Inicialmente, se preparó una solución de L-serina en agua destilada (1.004 mg/mL). De dicha solución se tomaron 150 µL y se añadieron 1500 µL de agua desionizada para preparar una solución estándar de serina 1:10 (v/v). Se obtuvo una curva de calibración, empleando como testigo diferentes volúmenes de la dilución 1:10 de la solución de L-serina y 1.5 mL del reactivo OPA. Las absorbancias fueron empleadas para hallar los equivalentes de aminos liberados por la hidrólisis. Se utilizó la ecuación de la curva de calibración y se aplicó la siguiente fórmula: %GH = (h/h_{tot}) x 100. Dónde:

h = concentración de grupos aminos libres expresada como meq/g de proteína.

h_{tot} = número total de enlaces peptídicos presentes en las proteínas de *P. lunatus*. 4.9.

2.6. Determinación de actividades biológicas *in vitro*

Actividad antitrombótica

La agregación plaquetaria se determinó según el método de Miyashita, Akamatsu, Ueno, Nakagawa, Nishumura, Hayashi et al. (1999). Se empleó sangre humana fresca proporcionada por voluntarios. La sangre colectada, se colocó de inmediato en tubos Vacutainer® (4.5 mL) con citrato de sodio para evitar la coagulación. Luego se centrifugaron a 1000 x g durante 15 min dando lugar al plasma rico en plaquetas (PRP) como sobrenadante. La fase residual se centrifugó de nuevo pero a 3500 x g durante otros 15 min, para obtener el plasma pobre en plaquetas (PPP). Posteriormente al PRP se le realizó un ajuste de plaquetas a 300.000/µL (PA) empleando un citómetro hemático marca, para determinar el número de plaquetas presentes en el PRP y cuál será el volumen requerido para preparar el plasma ajustado (PA).

Se utilizó la fórmula V1C1 = V2C2, donde:

V1: volumen de PRP

C1: concentración de plaquetas iniciales (después de centrifugar a 1000 rpm/15 min)

V2: es el volumen final que se requiere del PA a 300.000 plaquetas/µL

C2: es la concentración de plaquetas en el plasma ajustado, 300.000 plaquetas/µL.

Actividad anticariogénica

Se realizó siguiendo la metodología descrita por Warner et al. (2001), que consiste en una determinación in vitro usando hidroxiapatita (HA) simulando el esmalte dental. Consistió en hacer una suspensión de HA (2 mg/mL) en un buffer 0.1 M de Tris-HCl (pH 7). También se empleó buffer de acetato de sodio 0.4 M (pH 4.2) para representar los ácidos orgánicos presentes en la boca. Se prepararon suspensiones de las muestras con agua destilada a una concentración de 0.8 mg/mL. El sobrenadante fue utilizado para medir los niveles de calcio y fósforo disueltos en por acción del buffer de acetato de sodio. Para la determinación de fósforo se siguió la metodología descrita en las normas NMX-AA-029-SCFI-2001 y NMX-Y-100-SCFI-2004; mientras que para el calcio, se utilizó el método 944.03 de la AOAC (1997).

2.7. Modificación química del hidrolizado proteínico

La fosforilación se realizó de acuerdo a lo propuesto por Sitohy, Labib, El-Saadany y Ramadan (2000), quienes describen condiciones para la fosforilación empleando fosfato monosódico y disódico; y a lo reportado por Hayashi, Can-Peng, Enomoto, Ibrahim, Sugimoto y Aoki (2008), quienes emplean un buffer de pirofosfato. Para la fosforilación con fosfatos, se diluyeron 30 g de fosfato monosódico y 16 g de fosfato disódico en 100 mL de agua destilada a 35°C, ajustando el pH a 6. Posteriormente, 10 g de hidrolizado se disolvieron en 80 mL de la solución de fosfatos agitando por 10 min. La dispersión se filtró, el precipitado obtenido se recolectó y fue secado a 60°C por 1 h. El precipitado se calentó por 3 h a 85°C en un horno de vacío a 800 mbar. El producto se disolvió en 50 mL de metanol al 50%. Esta mezcla se agitó durante 30 min y el producto nuevamente se filtró, lavando el precipitado con 20 ml de etanol absoluto. Se preparó una solución al 10% en agua con el precipitado y se dializó 24 h en agua destilada. El hidrolizado fosforilado se recuperó mediante secado por liofilización a -47°C y 13×10^{-3} mbar. Para la fosforilación del hidrolizado con pirofosfato, se empleó una solución buffer de pirofosfato de sodio 0.1 M a pH 4. Se preparó una solución al 2% del hidrolizado con el buffer, se agitó por 10 min, posteriormente la solución se congeló y secó a -47°C y 13×10^{-3} mbar en una liofilizadora. El residuo seco se activó por calentamiento a 85°C durante 2 días en una estufa de circulación de aire. Una vez activado, se eliminaron los fosfatos libres mediante diálisis. La mezcla dializada, fue nuevamente secada por liofilización.

Determinación de fósforo

La determinación del contenido de fósforo tanto en el hidrolizado de *Phaseolus lunatus* (HPL), el hidrolizado fosforilado con fosfatos (HPL-F) y del hidrolizado fosforilado con pirofosfato (HPL-P), así como en la evaluación de la actividad anticariogénica, se realizó siguiendo la metodología de las normas mexicanas NMX-AA-029-SCFI-2001 y NMX-Y-100-SCFI-2004.

Determinación de calcio

Para la cuantificación de calcio se utilizó el método 944.03 de la AOAC (1997). Basado en la precipitación del calcio a pH 4 como oxalato y su posterior disolución en ácido sulfúrico liberando ácido oxálico el cual se titula con una solución de permanganato de potasio.

2.8. Análisis estadístico

Los datos obtenidos de la caracterización proximal de la harina y el concentrado proteínico *P. lunatus,* de la hidrólisis del concentrado proteínico, de la modificación del hidrolizado y de las bioactividades, fueron evaluados mediante análisis de varianza de una vía y comparación de medias (LSD) para establecer diferencias entre tratamientos. Se empleó el paquete computacional Statgraphics Plus Versión 5.1 de acuerdo a métodos señalados por Montgomery (2003).

3. Resultados y discusión

3.1. Composición proximal de la harina y concentrado proteínico de *P. lunatus*

La composición proximal de la harina y el concentrado proteínico se presenta en la Tabla 1. En cuanto a la humedad, el concentrado presentó un mayor contenido comparado con la harina, debido a que en la etapa final de la obtención de la harina se calienta a 60°C antes de tamizar, reduciéndose así el contenido de humedad. El contenido de proteína cruda de la harina (19.6%) fue similar al 21.7% para *Phaseolus vulgaris* (Ruiz-Ruiz, Dávila-Ortiz, Chel-Guerrero & Betancur-Ancona, 2012). El contenido de proteína del concentrado fue de 67.5%, valor semejante al reportado por Tello, Ruiz, Chel y Betancur (2010), de 67.3% para un concentrado de *P. lunatus* y al obtenido por Ruiz-Ruiz et al. (2012), en concentrados de *P. vulgaris* (67.7%).

Componente (%)	Harina	Concentrado proteínico
Humedad	4.75[a]	5.18[a]
Cenizas	2.70[a]	4.62[b]
Proteína	19.60[a]	67.52[b]
Fibra	2.38[b]	0.57[a]
Grasa	1.06[a]	2.92[b]
ELN	74.26[b]	24.35[a]

Tabla 1. Composición proximal de la harina y el concentrado proteínico del frijol lima (% B.S.). Letras diferentes en la misma fila indican diferencia estadística significativa ($p < 0.05$)

El contenido de grasa (2.92%) en el concentrado fue similar (3.12%) al reportado por Tello et al. (2010) y mayor (0.68%) al citado por Betancur et al. (2004). El incremento de grasa cruda en el concentrado proteínico, pudo deberse a que durante la extracción alcalina de la proteína (pH 11) se saponifican las grasas de carácter polar, precipitando con la proteína al modificar el punto isoeléctrico (pH 4.5), tal como lo observaron Chel, Pérez, Betancur y Dávila (2002), en concentrados de *Canavalia ensiformis* y *Phaseolus lunatus*. Los contenidos de fibra cruda y ELN disminuyeron, en un 75.7% y 67.2%, respectivamente, esto se debió a que el proceso de obtención del concentrado incluye etapas específicas de separación de estos componentes. Lo anterior resulta conveniente ya que de acuerdo con Ruiz-Ruiz et al. (2012), los componentes no proteicos como lípidos, fibra, hidratos de carbono y componentes menores como sustancias minerales afectan la calidad final del concentrado.

3.2. Hidrólisis del concentrado proteínico y grado de hidrólisis

El concentrado proteínico de *P. lunatus*, al ser sometido a un tratamiento hidrolítico con pepsina en una relación E:S de 1:10 a pH 2, 37°C y un tiempo total de hidrólisis de 10 min, presentó un GH de 12.4%, quedando clasificado como hidrolizado extensivo (> 10%). Este tipo de hidrolizados se utilizan en nutrición clínica y son una tendencia prometedora en el campo de los alimentos funcionales, debido a la presencia de péptidos con actividad biológica, los cuales pueden actuar sobre diversos procesos fisiológicos del organismo.

3.3. Activad antitrombótica

La determinación de la actividad antitrombótica, se basa en inhibir la capacidad que tiene la sangre para formar trombos, principalmente por el agrupamiento de las plaquetas en el plasma sanguíneo. Los resultados expresados como porcentaje de reducción de la agregación plaquetaria (RAP), a diferentes concentraciones de hidrolizado, se presentan en la Figura 2.

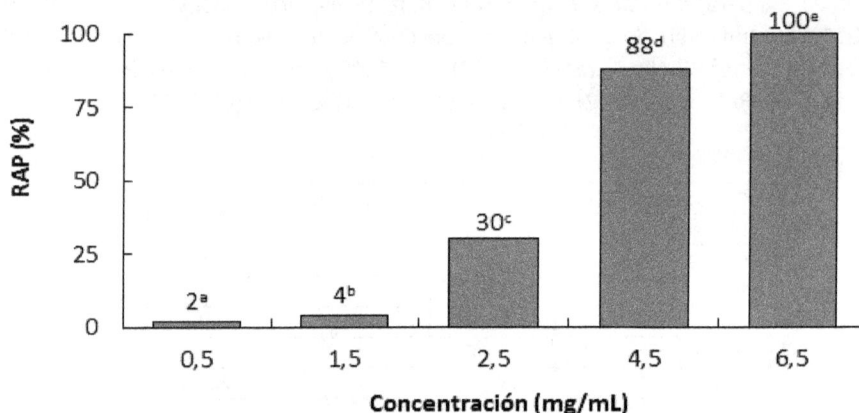

Figura 2. Inhibición de la agregación plaquetaria del hidrolizado de Phaseolus lunatus.
Letras diferentes en la misma serie indican diferencia estadística significativa (p < 0.05)

El tratamiento enzimático favoreció la bioactividad, ya que los valores incluso alcanzan 100% de RAP con la concentración de 6.5 mg/mL. Sin embargo, este valor pudo deberse a la saturación del PA, evitando así el paso del haz de luz, independientemente de si se forma agregación, dado que se emplea un método óptico (Miyashita et al., 1999). Debido a lo anterior, se tomó como valor de referencia el RAP obtenido con 4.5 mg/mL (88% RAP), valor superior a los reportados por Chim (2011), para hidrolizados de pepino de mar (*Isostichopus badionotus)* empleando los sistemas enzimáticos: Alcalasa-Flavorzima® (79.5% RAP) y pepsina-pancreatina (72% RAP), con una concentración de 50 mg/mL. La elevada bioactividad del HPL pudo deberse a la presencia de péptidos que tengan el segmento ArgGlyAsp en su secuencia ya que se ha demostrado que la Arg participa en la unión entre el fibrinógeno y la GPIIb/IIIa. El grupo guanidio de la cadena lateral de la Arg (catión) interacciona mediante un enlace iónico con la estructura del grupo carboxilo del Asp presente en el complejo GPIIb/IIIa, impidiendo el enlace del fibrinógeno con sus receptores (Figura 3). En la Figura 3 se esquematizan otros mecanismos que generan efecto antiagregante.

E5555
SCH530348

Clopidogrel
Ticlopidina

Trombina

PAR-1
PAR-4

Prot.G — Pepducinas

P2Y₁
P2Y₁₂

ADP

cAMP

Fosfodiesterasa — **Dipiridamol
Cilostazol**

Gránulo denso

GPIIb-IIIa Fibrinógeno

AMP

Eptifibatide
Tirofiban
Abciximab

Ácido araquidónico

Cicloxigenasa — **Ácido acetilsalicílico
Triflusal**

TxA₂ TxA₂R

S18886

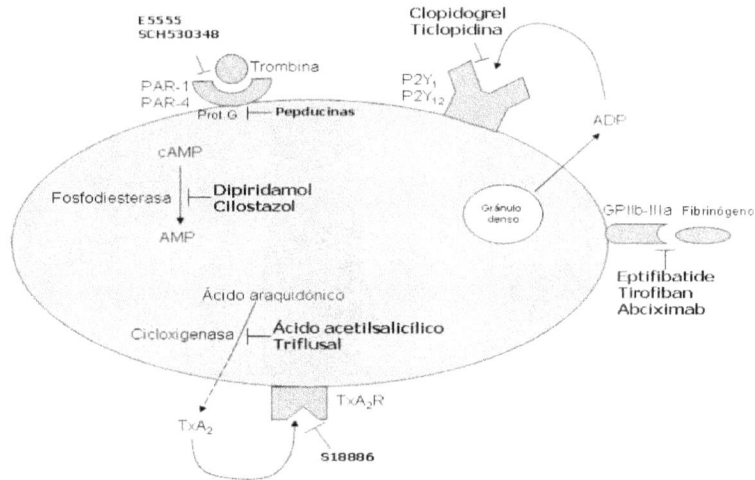

Figura 3. Representación esquemática de los mecanismos de acción de los fármacos antitrombóticos en uso. Se muestran las enzimas (cicloxigenasa y fosfodiesterasa) y receptores (P2Y1, P2Y12; GPIIb-IIIa; PAR1, PAR4) inhibidos por los antiagregantes. (Palomo et al., 2009)

El HPL también podría ejercer su acción antiagregante mediante la inhibición de receptores de ADP (PYI12 y PYI1) y tromboxano (TXA2R), o inclusive inhibiendo la acción de enzimas que promueven la agregación plaquetaria (fosfodiesterasa y cicloxigenasa). Esto se puede especular debido a que existen medicamentos de naturaleza peptídica como el eptifibatide y las pepducinas, los cuales se emplean para evitar la formación de trombos (Palomo, Torres, Moore-Carrasco & Rodrigo, 2009).

3.4. Hidrolizados proteínicos fosforilados

La fosforilación incrementó el contenido de fósforo en los hidrolizados (Figura 4). En el fosforilado con fosfatos, la cantidad de fósforo se incrementó 2.5 veces, en tanto que en el hidrolizado modificado con pirofosfato el contenido se incrementó 2 veces. De acuerdo con Dávila, Sangronis y Granito (2003), el contenido de fósforo en la mayoría de las leguminosas oscila entre 0.301% y 0.586%. El contenido de fósforo en el hidrolizado fue menor al reportado por dichos autores (0.174%), la disminución de éste pudo deberse tanto al proceso de fraccionamiento húmedo de la harina que incluye una etapa de precipitación de almidón, como a la hidrólisis que incluye etapas de centrifugación y deshecho del precipitado. El contenido de fósforo en los hidrolizados modificados fue superior al reportado por Enomoto, Nagae, Hiyashi, Can-Peng, Ibrahim, Sugimoto y Aoki (2009), quienes fosforilaron clara de huevo con pirofosfato, logrando incrementar el contenido de fosforo de 0.09% hasta un total de 0.60% y al reportado por Hayashi et al. (2008), quienes modificaron ovotransferrína con pirofosfato, logrando un contenido de fósforo de 0.66%.

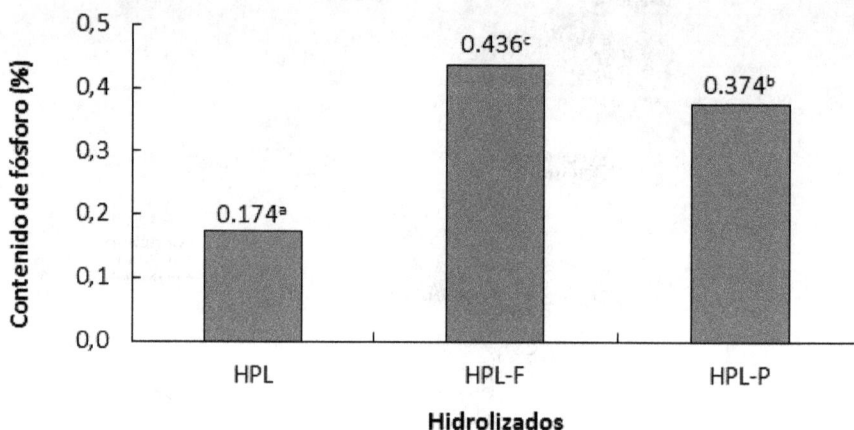

Figura 4. Contenido de fósforo (%) del hidrolizado de Phaseolus vulgaris (HPL) y de los hidrolizados modificados con fosfatos (HPL-F) y con pirofosfato (HPL-P). Letras diferentes en la misma serie indican diferencia significativa (p < 0.05)

3.5. Actividad anticariogénica

La capacidad anticariogénica del HPL, HPL-F y del HPL-P, se muestran en la Figura 5. Se puede observar que el HPL presentó una reducción de la desmineralización de la hidroxiapatita del 50% para el calcio y de 55.8% para el fósforo. Warner et al. (2001), reporta reducción de la desmineralización para calcio de 80.2%, 44.0% y 48.5% para caseinofosfopéptidos, suero lácteo de la elaboración de queso cottage y de suero lácteo ácido, respectivamente. Por otro lado, también presenta inhibición de la pérdidade fósforo de 81.8%, 18.2% y 39.4% para las mismas especies. Lo anterior revela un elevado potencial de los hidrolizados fosforilados para minimizar la desmineralización del esmalte dental por acción de los ácidos, pues el HPL-F alcanzó valores de inhibición para calcio y fósforo del 68.2% y 71.9%, respectivamente, mientras que el HPL-P redujo la disociación del calcio en un 77.3% y del fósforo en 76.9%. Estos valores son similares a los reportados por Wamer et al. (2001) para caseinofosfopéptidos, los cuales han sido incorporados a productos como gomas de mascar y pastas dentales, como auxiliares en control y prevención de caries (Aimutis, 2004; Reynolds, Cai, Shen y Walker, 2003; Reynolds et al., 1997). Aún cuando el HPL-P presentó una menor cantidad de fósforo (0.374%) que el HPL-F (0.436%), logró tener el mejor porcentaje de protección (Figura 4).

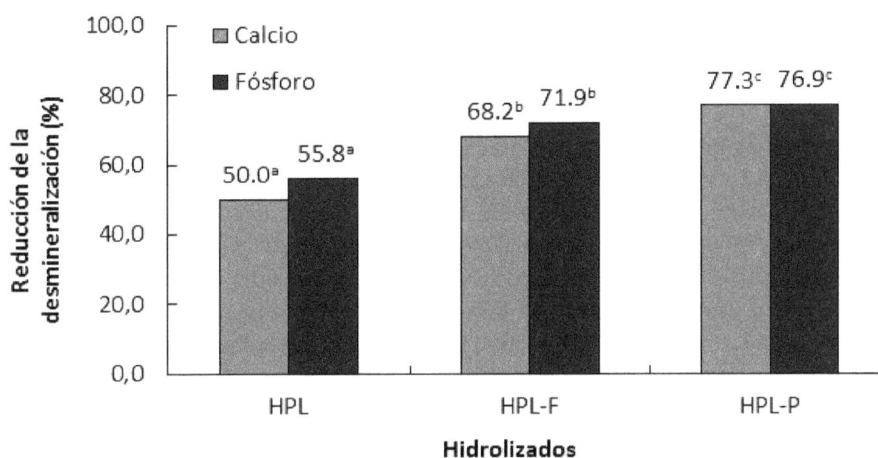

Figura 5. Reducción de la desmineralización de calcio y fósforo de la matriz de hidroxiapatita, en presencia del hidrolizado de Phaseolus lunatus (HPL) y los hidrolizados modificados con fosfatos (HPL-F) y pirofosfato (HPL-P). Letras diferentes en la misma serie indican diferencia estadística significativa (p < 0.05)

Esta mayor capacidad para neutralizar los ácidos posiblemente se debió a la estructura que presenta el pirofosfato, pues dicho compuesto cuando se enlaza mediante enlaces mono éster, a los aminoácidos serina, tirosina y/o treonina, expone más grupos (-ONa) susceptibles a neutralizar los grupos ácidos, que la mezcla de fosfatos (Figura 6).

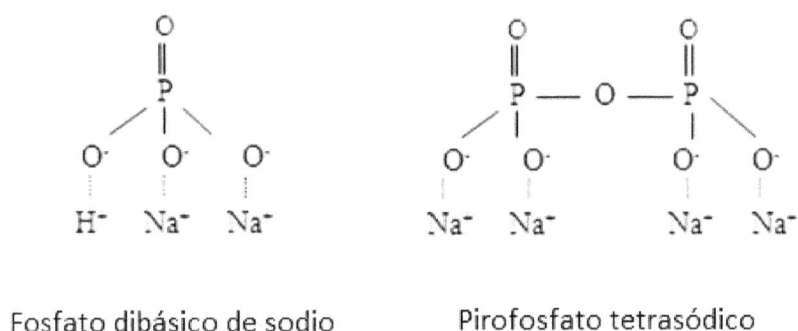

Fosfato dibásico de sodio   Pirofosfato tetrasódico

Figura 6. Estructura de las especies químicas utilizadas en la fosforilación de los hidrolizados

También es de considerar la capacidad anticariogénica que pudiera tener los hidrolizados proteínicos de *P. lunatus* debido a sus contenidos, no solo de fósforo, sino de aminoácidos como prolina e histidina, ya que se ha reportado que péptidos excretados por las glándulas salivales (parótida, submaxilar y sublingual) ricos en estos minerales, ejercen un efecto eficaz contra bacterias responsables de la caries como *Streptococcus mutans, Lactobacillus sp* y

Porphyromonas gingivalis (Ayad, Van, Minaguchi, Raubertas, Bedi, Billings et al., 2000; Geetha, Venkatesh, Bingle, Bingle & Gorr, 2005; Groenink, Ruissen, Lowies, Hof, Veerman & Nieuw, 2003).

4. Conclusión

La hidrólisis enzimática del concentrado proteínico del frijol lima con pepsina, generó un grado de hidrólisis de 12.4%, esto permite clasificarlo como hidrolizado de tipo extensivo. Para la actividad antitrombótica del hidrolizado, se obtuvieron valores de disminución de la agregación plaquetaria de 2, 4, 30, 88 y 100% con concentraciones de muestra de 0.53, 1.29, 2.45, 4.46 y 6.15 mg/mL, respectivamente. La fosforilación con fosfatos de sodio incrementó 2.5 veces el contenido de fósforo y con pirofosfato de sodio 2 veces, en comparación con el hidrolizado proteínico sin modificar. Se evaluó el potencial de los hidrolizados para disminuir la desmineralización del calcio y fósforo presentes en la hidroxiapatita. La mayor reducción de la desmineralización se logró con el hidrolizado modificado con pirofosfato, reduciendo la disociación de calcio en un 77.3% y de fósforo en 76.9%. La modificación enzimática del concentrado proteínico de *Phaseolus lunatus*, generó secuencias peptídicas con actividad antitrombótica y anticariogénica. La fosforilación del hidrolizado incrementó la actividad anticariogénica. Los resultados obtenidos permiten plantear el potencial uso de los hidrolizados de *Phaseolus lunatus* como ingredientes nutracéuticos para el desarrollo de alimentos funcionales o como productos con aplicación farmacéutica.

Agradecimientos

Al Consejo Nacional de Ciencia y Tecnología (CONACYT) por su apoyo al proyecto de ciencia básica titulado "Actividad biológica de fracciones peptídicas derivadas de la hidrólisis enzimática de proteínas de frijoles lima *(Phaseolus lunatus)* y caupí *(Vigna unguiculata)"*. Con número de convenio 153012, del cual forma parte este trabajo.

Referencias

Aimutis, W.R. (2004). *Bioactive properties of milk proteins with particular focus on anticariogenesis.* Food technical development center. American Society for Nutritional Sciences.

Aimutis, W.R. 2004. Bioactive properties of milk proteins with particular focus on anticariogenesis. *Journal of Nutrition, 134,* 989-995.

AOAC (1997). *Official Methods of analysis. Association of official analytical chemists*. 15th ed., William Horwitz Editor, Washington, D.C., USA.

Arzamendi, D., Freixa, X., Puig, M., & Heras, M. (2006). Mecanismo de acción de los fármacos antitrombóticos. *Rev Esp Cardiol, 6,* 2H-10H.

Ayad, M., Van, B.C., Minaguchi, K., Raubertas, R., Bedi, G., Billings, R., Bowen, W., & Tabak, L. (2000). The association of basic proline-rich peptides from human parotid gland secretions with caries experience. *J. Dent. Res.,* 79 (4), 976-982. http://dx.doi.org/10.1177/00220345000790041401

Baró, L., Jiménez, J., Martínez-Férez, A., & Bouza, J.J. (2001). Bioactive milk peptides and proteins. *Ars Pharmaceutica, 42(3-4),* 135-145.

Betancur, D., Gallegos, S., & Chel, L. (2004). Wet-fractionation of *Phaseolus lunatus* seeds: partial characterization of starch and protein. *Journal of the Science of Food and Agriculture, 84,* 1193-1201. http://dx.doi.org/10.1002/jsfa.1804

Cai, F., Shen, P., Morgan, M.V., & Reynolds, E.C. (2003). Remineralization of enamel subsurface lesions in situ by sugar-free lozenges containing casein phosphopeptide-amorphous calcium phosphate. *Australian Dental Journal, 48 (4),* 240-243. http://dx.doi.org/10.1111/j.1834-7819.2003.tb00037.x

Canseco, J. (2001). Caries dental. La enfermedad oculta. *Boletín Médico del Hospital Infantil de México: Federico Gómez, 58,* México, DF.

Chel, L., Pérez, V., Betancur, D., & Dávila, G. (2002). Functional Properties of Flours and Protein Isolates from *Phaseolus lunatus* and *Canavalia ensiformis* seeds. *Journal of Agriculture and Food Chemistry, 50 (3),* 584-591. http://dx.doi.org/10.1021/jf010778j

Chim, Y. (2011). Obtención de hidrolizados enzimáticos de pepino de mar (*Isostichopus badionotus*) y evaluación de su bioactividad. Facultad de Ingeniería Química, UADY. Tesis de maestría.

Dávila, M.A., Sangronis, E., & Granito, M. (2003). Leguminosas germinadas o fermentadas: alimentos o ingredientes de alimentos funcionales. *Archivos Latinoamericanos de Nutrición, 53(4),* 348-354.

Enomoto, H., Nagae, S., Hiyashi, Y., Can-Peng, L., Ibrahim, H., Sugimoto, Y., & Aoki, T. (2009). Improvement of functional properties of egg white protein through glycation and phosphorylation by dry-heating. *Asian-Aust. J. Anim. Sci., 22(4),* 591-597.

Geetha, C., Venkatesh, L., Bingle, L., Bingle, C., & Gorr, S. (2005). Design and validation of anti-inflammatory peptides from human parotid secretory protein. *J. Dent. Res., 84(2),* 149-153. http://dx.doi.org/10.1177/154405910508400208

González-Sánchez, A., Martínez-Naranjo, T., Alfonzo-Betancourt, N., Rodríguez Palanco, J.A., & Morales-Martínez, A. (2009). Caries dental y factores de riesgo en adultos jóvenes. *Rev Cubana Estomatol, 46(3),* 30-37.

Groenink, J., Ruissen, A., Lowies, D., Hof, W., Veerman, E., & Nieuw, A. (2003). Degradation of antimicrobial histatin-variant peptides in *Staphylococcus aureus* and *Streptococcus mutans.* *J. Dent. Res., 82(9),* 753-757. http://dx.doi.org/10.1177/154405910308200918

Hayashi, Y., Can-Peng, L., Enomoto, H., Ibrahim, H., Sugimoto, Y., & Aoki, T. (2008). Improvement of functional properties of ovotransferrin by phosphorylation through dry-heating in the presence of pyrophosphate. *Asian-Aust. J. Anim. Sci., 21(4),* 596-602.

Miyashita, M., Akamatsu, M., Ueno, H., Nakagawa, Y., Nishumura, K., Hayashi, Y., Sato, Y., & Ueno T. (1999). Structure activity relationships of RGD mimetics as fibrinogen-receptor antagonists. *Biosci. Biotech. Bioch., 63,* 1684-1690. http://dx.doi.org/10.1271/bbb.63.1684

Montero-Granados, C., & Monge-Jiménez, T. (2010). Patología de la Trombosis. *Rev Med Costa Rica Centroamérica, 591,* 73-75.

Montgomery, D. (2003). *Diseño y análisis de experimentos.* Grupo Editorial Iberoamericana. México, D.F., 14-27.

NAAIS. Núcleo de Acopio y Análisis de Información en Salud (2005). *Distribución geográfica y la salud de los mexicanos 2000 y 2005.*

Nielsen, M.P., Petersen, D., & Dambmann, C. (2001). Improved method for determining food protein degree of hydrolysis. *Journal of Food Science, 66(5),* 642-646. http://dx.doi.org/10.1111/j.1365-2621.2001.tb04614.x

NMX-AA-029-SCFI-2001. (2001). *Análisis de aguas. Determinación de fósforo total en aguas naturales, residuales y residuales tratadas. Metodología de prueba.*

NMX-Y-100-SCFI-2004. (2004). *Determinación de fósforo en alimentos terminados e ingredientes para animales.*

Palomo, I., Torres, C., Moore-Carrasco, R., & Rodrigo, M. (2008). Mecanismos de acción de los principales antiagregantes plaquetarios. *Revista Latinoamericana de Actualidades Biomédicas, 2(3),* 1-6.

Pedroche, J., Yust, M., Girón-Calle, J., Alaiz, M., Millán, & F., Vioque, J. (2002). Utilization of chickpea protein isolates for the production of peptides with angiotensin-I converting enzyme inhibitory activity. *Journal of Science and Food Agriculture, 82,* 960-965. http://dx.doi.org/10.1002/jsfa.1126

Reynolds, E., Cai, F., Shen, P., & Walker, G. (1997). Remineralization of enamel subsurface lesions by casein phosphopeptides-stabilized calcium phosphate solutions. *J. Dent. Res., 76(9),* 1587-1595. http://dx.doi.org/10.1177/00220345970760091101

Reynolds, E., Cai, F., Shen, P., & Walker, G. (2003). Retention in plaque and remineralization of enamel lesions by various forms of calcium in mouthrinse or sugar-free chewing gum. *J. Dent. Res., 82(3),* 206-211. http://dx.doi.org/10.1177/154405910308200311

Ruiz-Ruiz, J.C., Dávila-Ortíz, G., Chel-Guerrero, L.A., & Betancur-Ancona, D.A. (2012). Wet fractionation of hard-to-cook bean (*Phaseolus vulgaris* L.) seeds and characterization of protein, starch and fibre fractions. *Food Bioprocess and Technology, 5,* 1531-1540. http://dx.doi.org/10.1007/s11947-010-0451-0

Segura-Campos, M., Chel-Guerrero, L., & Betancur-Ancona, D. (2010). Efecto de la digestión en la biodisponibilidad de péptidos con actividad biológica. *Rev Chil Nutr, 37(3),* 386-391. http://dx.doi.org/10.4067/S0717-75182010000300014

Sitohy, M., Labib, S., El-Saadany, S., & Ramadan, Z. (2000). Optimizing the conditions for starch dry phosphorylation with sodium mono- and dihydrogen orthophosphate under heat and vacuum. *Starch, 52(4),* 95-100. http://dx.doi.org/10.1002/1521-379X(200006)52:4<095::AID-STAR95>3.0.CO;2-X

Tello, R., Ruiz, J., Chel, L., & Betancur, D. (2010). Funcionalidad biológica de jugo de naranja incorporado con hidrolizado proteínicos de frijol lima (*Phaseolus lunatus*). En: *Utilización de recursos naturales tropicales para el desarrollo de alimentos*. Ed. UADY, Mérida, Yucatán, México, 233-238.

Vioque, J., Megías, C., Yust, M.M., Pedroche, J., Lquari, H., Girón-Calle, J., Alaiz, M., & Millán, F. (2004). Purification of an ACE Inhibitory Peptide alters Hydrolysis of Sunflower (*Helianthus annuus* L.) Protein Isolates. *Journal of Agricultural and Food Chemistry, 52,* 1928-1932. http://dx.doi.org/10.1021/jf034707r

Vioque, J., Sánchez-Vioque, R., Clemente, A., Pedroche, J., Yust, M.M., & Millán, F. (2000). Péptidos bioactivos en proteínas de reserva. *Grasas y Aceites, 51,* 361-365.

Warner, E.A., Kanekanian, A.D., & Andrews, A.T. (2001). *Bioactivity of milk proteins: anticariogenicity of whey proteins*. Food Science and Technology Group.

Capítulo 6

Evaluación de la capacidad antimicrobiana de fracciones peptídicas de hidrolizados proteínicos de frijol lima *(Phaseolus lunatus)*

Erika Bojórquez Balam, Jorge Ruiz Ruiz, Maira Segura Campos, David Betancur Ancona, Luis Chel Guerrero

Facultad de Ingeniería Química, Universidad Autónoma de Yucatán, Periférico Norte. Km. 33.5, Tablaje catastral 13615, Col. Chuburná de Hidalgo Inn, Mérida, Yucatán CP 97203, México.

kaeri_gbb5@hotmail.com, jcruiz_ruiz@hotmail.com, maira.segura@uady.mx, bancona@uady.mx, cguerrer@uady.mx

Doi: http://dx.doi.org/10.3926/oms.96

Referenciar este capítulo

Bojórquez Balam, E., Ruiz Ruiz, J., Segura Campos, M. Betancur Ancona, D., & Chel Guerrero, L. (2013). Evaluación de la capacidad antimicrobiana de fracciones peptídicas de hidrolizados proteínicos de frijol lima *(Phaseolus lunatus)*. En M. Segura Campos, L. Chel Guerrero & D. Betancur Ancona (Eds.), *Bioactividad de péptidos derivados de proteínas alimentarias* (pp. 139-154). Barcelona: OmniaScience.

1. Introducción

Los agentes antimicrobianos han tenido gran relevancia desde hace más de 50 años en la industria alimentaria, donde han sido utilizados como aditivos tanto en alimentos procesados como en empaques, para evitar la generación de infecciones o intoxicaciones. Algunos ejemplos de estos son los derivados de los ácidos orgánicos, como los sorbatos, los propionatos y los benzoatos (Rodríguez & Schöbitz, 2009). Sin embargo, el uso irracional de estos compuestos ha generado una crisis de salud pública debido a la aparición de cepas resistentes a algunos antibióticos y antimicrobianos considerados como de mayor efectividad (Gutiérrez & Orduz, 2003). Por otra parte, la adición de agentes antimicrobianos a los alimentos debe de ser controlada, puesto que en concentraciones excesivas pueden ser tóxicas y/o modificar la estructura química de los diversos productos a los que es agregado (Zamudio, Bello, Vargas, Hernández & Romero, 2007; Davidson & Harrison, 2002). Esta situación ha dado lugar a una justificada alarma y a generado gran interés en el estudio y desarrollo de nuevos agentes antimicrobianos; como una alternativa a esta problemática se ha desarrollado una nueva generación de agentes antimicrobianos. En este sentido, los péptidos con actividad biológica tienen la capacidad de ejercer efectos específicos a nivel fisiológico en el organismo, como por ejemplo aquellos que presentan actividad antimicrobiana. Estas secuencias aminoacídicas son moléculas efectoras claves en la inmunidad innata, con tamaños que oscilan entre 2 hasta 200 aminoácidos (Rivas, Sada, Hernández & Tsutsumi, 2006). Diversos estudios han reportado que mediante la hidrólisis controlada *in vitro* de proteínas alimentarias es posible generar este tipo de péptidos. Se han aislado péptidos antimicrobianos principalmente a partir de hidrolizados enzimáticos limitados, de proteínas de origen animal como la leche, el huevo y algunas especies marinas de peces. Recientemente se han aislado de hidrolizados limitados, con grados de hidrólisis menor al 10%, de proteínas de origen vegetal como la soya y el maíz (Dubin, Mak, Dubin, Rzychon, Stec, Wladyka et al., 2005). México posee una amplia diversidad de recursos naturales con potencial para la obtención y aislamiento de compuestos fisiológicamente activos conocidos como nutracéuticos. Tales compuestos tienen aplicación en el desarrollo de alimentos de tipo funcional, como es el caso de los péptidos con actividad biológica (Lajolo, 2002). Entre los recursos vegetales empleados para la alimentación, destacan las leguminosas debido a que son la principal forma de obtención de proteínas de estratos socioeconómicos que tienen limitado acceso a proteínas de origen animal, debido a su alto costo de producción y comercialización (SAGARPA, 2000). En Yucatán, México, sobresale el frijol lima *(Phaseolus lunatus),* debido a que presenta un alto contenido de proteína (29%) (Bartholomai, Tosi & González, 2000). Sin embargo este frijol es un cultivo no tecnificado, es decir que su producción depende de las condiciones climáticas, por lo que se le puede considerar una fuente de proteína subutilizada (Betancur-Ancona, Gallegos-Tintoré & Chel-Guerrero, 2004). Tomando en consideración lo anterior, la leguminosa *Phaseolus lunatus* puede plantearse como una opción para la obtención de productos con un alto contenido de proteína, como los concentrados proteínicos, a partir de los cuales se podrían generar vía modificación enzimática *in vitro*, péptidos con actividad biológica, con potencial para ser empleados como ingredientes nutracéuticos o como aditivos en el desarrollo de sistemas alimentarios.

2. Materiales y métodos

2.1. Obtención de la harina del frijol lima

Se emplearon granos de *P. lunatus* provenientes de la cosecha 2012 del estado de Yucatán, México. Los granos se limpiaron y se seleccionaron los que no presentaron ningún tipo de daño físico para molerlos. La harina obtenida se tamizó a través de mallas tamaño 80 (0.177 mm) y 100 (0.149 mm) hasta obtener una harina con partículas menores a 0.149 mm.

2.2. Obtención del concentrado proteínico del frijol lima

Se empleó el método reportado por Betancur-Ancona et al. (2004). A una dispersión de harina:agua (relación 1:6 p/v) se le ajustó el pH a 11. La dispersión se agitó por 1 h a 400 rpm, se filtró a través de tamices de malla 80 y 100 para eliminar la fibra. El residuo sólido se lavó cinco veces con agua destilada (1:3, p/v), recuperando y mezclando el agua de lavado con la suspensión. Se dejó reposar por 1 h para precipitar el almidón. El sobrenadante (proteína) se decantó y se ajustó el pH a 4.5 (PI), la solución se centrifugó a 4500 rpm por 30 min. El precipitado se secó a -47 °C y 13 x 10^{-3} mbar en una liofilizadora.

2.3. Composición proximal de la harina y el concentrado proteínico del frijol lima

Se emplearon los métodos de la AOAC (1997): Humedad (Método 925.09) secado a 105 °C hasta peso constante. Cenizas (Método 923.03), residuo inorgánico resultante de la incineración a 550 °C. Grasa cruda (Método 920.39), lípidos libres extraídos con hexano. Proteína cruda (Método 954.01), por el método Kjeldahl, usando 6.25 como factor de conversión de nitrógeno a proteína. Fibra cruda (Método 962.09), residuo orgánico combustible e insoluble que se obtiene después de que la muestra fue sometida a una digestión ácida y alcalina. Extracto libre de nitrógeno (ELN), se calculó por diferencia.

2.4. Hidrólisis del concentrado proteínico

La hidrólisis se efectuó empleando las enzimas pepsina y pancreatina, de manera independiente y secuencial. La hidrólisis se realizó de acuerdo a la metodología propuesta por Megías, Yust, Pedroche, Lquari, Girón-Calle, Alaiz et al. (2004), la digestión con pepsina se realizó durante 10 min, usando una concentración de sustrato del 4%, una relación enzima/sustrato 1/10, a una temperatura de 37 °C y un pH de 2. La digestión con pancreatina fue durante 10 min, usando una concentración de sustrato del 4%, una relación enzima/sustrato 1/10, y la temperatura de 37 °C a un pH de 7.5. La hidrólisis con el sistema enzimático secuencial pepsina-pancreatina, se llevó a cabo de acuerdo con el método propuesto por Vioque, Megías, Yust, Pedroche, Lquari, Girón-Calle et al. (2004). El tiempo de total reacción fue de 10 min, la primera digestión se efectuó con pepsina hasta la mitad del tiempo (5 min) usando una concentración de sustrato del 4%, una relación enzima/sustrato 1/10, a una temperatura de 37 °C y un pH de 2. La segunda digestión se realizó añadiendo enzima pancreatina, a la misma temperatura, relación enzima/sustrato y tiempo, modificando el pH a 7.5. La hidrólisis se efectuó en un vaso de precipitado de 2000 mL colocado en un baño de agua, la agitación se efectuó con agitador mecánico (Caframo RZ-1) a 300 rpm, se empleó un termómetro para controlar la temperatura y un electrodo para ajustar el pH. Se empleó como sustrato una solución de proteína al 4% (p/v), preparada disolviendo 56.72 g de concentrado proteínico de frijol lima (b.s.) en 1 L de agua destilada. La hidrólisis se detuvo colocando las muestras en un baño de agua a 80 °C durante 20 min, finalmente se centrifugaron a 10,000 x g por 20 min usando una centrifuga Beckman, la porción soluble se conservó en congelación.

2.5. Determinación del grado de hidrólisis

El grado de hidrólisis (GH) se determinó con la técnica propuesta por Nielsen, Petersen y Dammann (2001). Inicialmente, se preparó una solución de L-serina en agua destilada (1.004 mg/mL) para obtener una curva de calibración. Las absorbancias fueron empleadas para hallar los equivalentes de aminos liberados por la hidrólisis. Se utilizó la ecuación de la recta de calibración y se aplicó la siguiente fórmula: %GH = (h/h_{tot}) x 100. Dónde:

h = concentración de grupos aminos libres expresada como meq/g de proteína.

h_{tot} = número total de enlaces peptídicos presentes en las proteínas de *P. lunatus*. 4.9.

2.6. Obtención de las fracciones peptídicas por ultrafiltración

La porción soluble del hidrolizado fue ultrafiltrada empleando la metodología propuesta por Cho, Unklesbay, Hsieh y Clarke (2004). Se obtuvieron dos fracciones utilizando una membrana con un corte de peso molecular de 10 kDa. Colectando de manera separada el retenido y el permeado. Las fracciones se denominaron como: > 10 kDa y < 10 kDa.

2.7. Cromatografía de filtración en gel

Se empleó la metodología propuesta por Vioque et al. (2004). Se empleó una columna de filtración (3 cm x 80 cm) Sephadex G- 50 en la cual se inyectaron 10 mL de la fracción peptídica que presentó la mayor actividad antimicrobiana en una solución de bicarbonato de amonio 50 mM (pH 9.1), con un flujo de 10 mL/h. Las masas moleculares de los diferentes péptidos se determinaron con curvas de calibración que se obtuvieron con estándares de pesos moleculares conocidos: tiroglobulina bovina (670 kDa), globulina bovina (158 kDa), ovoalbúmina (44 kDa), mioglobina equina (17 kDa) y vitamina B12 (1.35 kDa). El perfil de elución se monitoreó a 280 nm.

2.8. Determinación cuantitativa de proteína

Al hidrolizado y a las fracciones obtenidas por ultrafiltración se les determinó el contenido de proteína mediante el método de Lowry, Rosebrough, Farr y Randall (1951). A las fracciones obtenidas por cromatografía de filtración en gel se les determinó el contenido de proteína mediante la metodología propuesta por Bradford (1976).

2.9. Actividad antimicrobiana

Determinación espectrofotométrica de la inhibición del crecimiento bacteriano

Los cultivos de *S. aureus* y *S. flexneri* fueron ajustados a una concentración de 1 x 10^6 ufc/mL de acuerdo a la escala de McFarland, utilizando caldo nutritivo. Se determinó la actividad antimicrobiana del hidrolizado y sus fracciones empleando el método propuesto por Christman (2010). Se colocaron 1.5 mL del caldo inoculado en tubos de ensayo, se prepararon soluciones del hidrolizado y sus fracciones a 100, 50 y 2% con agua destilada estéril y se adicionaron 1.5 mL de estas soluciones a los tubos de ensayo con caldo inoculado, se agitaron en vortex durante 5 s. La concentración final de fracción fue de 50, 25 y 1%. La absorbancia se determinó a una longitud de onda de 625 nm a los tiempos de 0, 2, 4, 8, 12 y 24 h.

Inhibición del crecimiento bacteriano por el método de dilución en agar

Se empleó el método reportado por Vaca-Ruiz, Silva y Laciar (2009), se prepararon cajas Petri con agar Muller-Hinton y se adicionó la cantidad requerida de las muestras a evaluar, hasta lograr proporciones de 50 y 25%. El control positivo fue nisina a una concentración de 20 mg/mL, un péptido antimicrobiano reconocido como seguro por la FDA y el control negativo agua destilada estéril. Posteriormente se realizó una siembra masiva con 10 µL de los microrganismos *S. aureus* y *S. flexneri* a una concentración de 1 x 10^6 ufc/mL. Se dejaron incubar durante 24 h a 37°C.

2.9.3. Mínima Concentración Inhibitoria

Se empleó la metodología propuesta por Vaca-Ruiz et al. (2009), utilizando microplacas de 96 pocillos los cuales fueron llenados de acuerdo al esquema presentado en la Figura 1.

	1	2	3	4	5	6	7	8	9	10	11	12	
A													*S. aureus*
B													
C													
D	3	2	1							1	2	3	Controles
E	3	2	1							1	2	3	Controles
F													
G													*S. flexneri*
H													
	1	2	3	4	5	6	7	8	9	10	11	12	

Figura 1. Esquema de llenado de los pocillos de la microplaca (Vaca-Ruiz et al., 2009)

A los pocillos marcados con el número 1, se adicionaron 100 µL de caldo nutritivo inoculado con la bacteria a evaluar a una concentración de 1 x 10^6 ufc/mL. A los pozos marcados con el número 2 se procedió como en 1 más 100 µL de nisina a una concentración de 20 mg/mL (control -). A los pozos marcados con el número 3 también se procedió como en 1 y se agregaron 100 µL de agua destilada estéril (control +). Se adicionaron 150 µL de caldo nutritivo inoculado con la bacteria a evaluar en cada uno de los pocillos de las filas A y B para *S. aureus*, y G y H para *S. flexneri*.

Después se adicionaron 50 µL de muestra en las siguientes concentraciones: 100, 96, 90, 86, 80, 70, 60, 50, 40, 30, 20 y 10%. Las microplacas se incubaron a 37°C por 24 h. Finalmente se preparó una solución de cloruro de trifeniltetrazolio al 2% en agua destilada estéril y se adicionaron 100 µL a cada pocillo de prueba. Una coloración roja indicó la presencia de células viables.

3. Análisis estadístico

Los datos obtenidos de la caracterización proximal de la harina y el concentrado proteínico de *P. lunatus*., de la hidrólisis del concentrado proteínico y de la actividad antimicrobiana, fueron evaluados mediante análisis de varianza de una vía y comparación de medias por la mínima diferencia significativa (MDS) para establecer las diferencias entre tratamientos. Se empleó el paquete computacional Statgraphics Plus Versión 5.1 de acuerdo a métodos señalados por Montgomery (2003).

4. Resultados y discusión

4.1. Composición proximal de la harina y concentrado proteínico de *P. lunatus*

La composición proximal de la harina y el concentrado proteínico de frijol lima se presenta en el cuadro 1. En cuanto a la humedad, el concentrado presentó un mayor contenido comparado con la harina, debido a que en la etapa final de la obtención de la harina se calienta a 60 °C antes de tamizar, reduciéndose así el contenido de humedad. El contenido de proteína cruda de la harina (19.6%) fue similar al 21.7% para *Phaseolus vulgaris* (Ruiz-Ruiz, Dávila-Ortíz, Chel-Guerrero & Betancur-Ancona, 2012). El contenido de proteína del concentrado fue de 67.5%, valor semejante al reportado por Tello, Ruiz, Chel y Betancur (2010), de 67.3% para un concentrado de *P. lunatus* y al obtenido por Ruiz-Ruiz et al. (2012), en concentrados de *P. vulgaris* (67.7%). El contenido de grasa (2.92%) en el concentrado fue similar (3.12%) al reportado por Tello et al. (2010) y mayor (0.68%) al exhibido por Betancur-Ancona et al. (2004). El incremento de grasa cruda en el concentrado proteínico, pudo deberse a que durante la extracción alcalina de la proteína (pH 11) se saponifican las grasas de carácter polar, precipitando con la proteína al modificar el punto isoeléctrico (pH 4.5), tal como lo observaron Chel, Pérez, Betancur y Dávila (2002), en concentrados de *Canavalia ensiformis* y *Phaseolus lunatus.*

Componente (%)	Harina	Concentrado proteínico
Humedad	4.75[a]	5.18[a]
Cenizas	2.70[a]	4.62[b]
Proteína	19.60[a]	67.52[b]
Fibra	2.38[b]	0.57[a]
Grasa	1.06[a]	2.92[b]
ELN	74.26[b]	24.35[a]

Tabla 1. Composición proximal de la harina y el concentrado proteínico de P. lunatus (% B.S.). Letras diferentes en la misma fila indican diferencia estadística significativa (p < 0.05)

Los contenidos de fibra cruda y ELN disminuyeron, en un 75.7% y 67.2%, respectivamente, esto se debió a que el proceso de obtención del concentrado incluye etapas específicas de separación de estos componentes. Lo anterior resulta conveniente ya que de acuerdo con Ruiz-Ruiz et al. (2012), los componentes no proteicos como lípidos, fibra, hidratos de carbono y componentes menores como sustancias minerales afectan la calidad final del concentrado.

4.2. Hidrólisis del concentrado proteínico de *P. lunatus*

Los grados de hidrólisis (GH) de los hidrolizados obtenidos con pepsina, pancreatina y pepsina-pancreatina se presentan en la Figura 2, el cual osciló entre 5.5% y 8.3%, por lo que se puede considerar a los hidrolizados como limitados, con un grado de hidrólisis menor al 10%. La diferencia en el GH se debe a que las enzimas presentan diferente actividad catalítica. La pepsina es la principal enzima gástrica que degrada las proteínas en el estómago durante la digestión, tiene actividad endopeptidasa, hidrolizando preferentemente por el extremo C-terminal de los residuos aromáticos fenilalanina, tirosina y triptófano. Su acción rompe las cadenas de polipéptidos en secciones más cortas, es decir que mediante su acción se producen aminoácidos libres pero la mayoría de los productos son oligopéptidos. Por otra parte, la pancreatina incluye proteasas como tripsina, quimotripsina y elastasa. Tripsina, quimotripsina y elastasa son serinoproteasas, con actividad de endopeptidasas ya que hidrolizan enlaces internos de los péptidos. La hidrólisis con pancreatina resulta en una mezcla de pequeños oligopéptidos (60-70%) y aminoácidos libres (30-40%), que son absorbidos a lo largo del intestino delgado (Sewald & Jakubke, 2002).

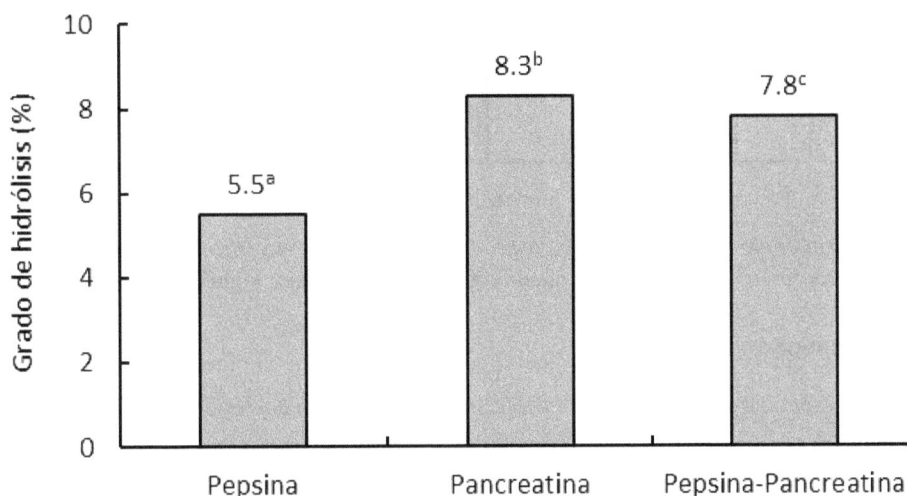

Figura 2. Porcentaje de grado de hidrólisis de los hidrolizados proteínicos de P. lunatus obtenidos con pepsina, pancreatina y pepsina-pancreatina. Letras diferentes en la misma serie indican diferencia estadística significativa (p < 0.05)

Si bien el uso secuencial de proteasas con diferente o igual actividad catalítica permite la obtención de hidrolizados proteínicos con altos grados de hidrólisis, en el caso del sistema secuencial pepsina-pancreatina, el corto tiempo de reacción no permitió la generación de un mayor grado de hidrólisis. De acuerdo con Christman (2010), a menor grado de hidrólisis suele obtenerse mayor actividad antimicrobiana, ya que se generan péptidos de mayor peso molecular. Considerando lo anterior se seleccionó el hidrolizado obtenido con pepsina, ya que presentó el menor grado de hidrólisis (5.5%).

4.3. Separación de las fracciones peptídicas por ultrafiltración

El hidrolizado fue fraccionado de acuerdo a su peso molecular utilizando la ultrafiltración, generándose dos fracciones una mayor a 10 kDa (> 10 kDa) y una menor a 10 kDa (< 10 kDa). Se determinó el contenido de proteína, observándose que disminuyó de manera proporcional al peso molecular de las fracciones, la mayor cantidad de proteína se observó en el hidrolizado y la menor en la fracción de < 10 kDa (Figura 3). La ultrafiltración se empleó debido a que los péptidos con actividad antimicrobiana generalmente presentan un peso molecular cercano a 10 kDa (Rivillas & Soriano, 2006).

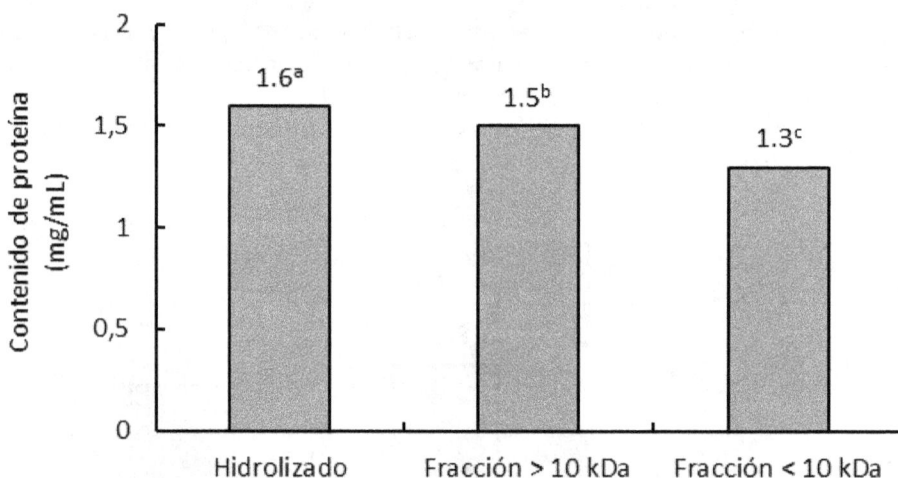

Figura 3. Contenido de proteína del hidrolizado de P. lunatus y sus fracciones peptídicas. Letras diferentes en la misma serie indican diferencias estadística significativa (p < 0.05)

4.4. Actividad antimicrobiana

Determinación espectrofotométrica de la inhibición del crecimiento bacteriano

Se determinó el efecto del hidrolizado y sus fracciones en el crecimiento de los microrganismos. Como se observa en la Figura 4, el hidrolizado disminuyó el crecimiento de ambos microorganismos, ya que las absorbancias obtenidas fueron menores a las del control negativo (crecimiento normal). Los mejores resultados en cuanto a la inhibición del crecimiento se obtuvieron a las concentraciones de 25% y 50%, cuyos patrones de inhibición fueron iguales o menores al del control positivo (inhibición con nisina). Para las fracciones > 10 kDa y < 10 kDa se obtuvo un comportamiento semejante al que presentó el hidrolizado, las mayores inhibiciones del crecimiento se obtuvieron a las concentraciones de 25% y 50% (Figura 4). Resultados semejantes fueron obtenidos por Christman (2010) para proteínas de caseína hidrolizadas con pepsina, en donde los resultados más favorables se obtuvieron a concentraciones de 30 y 50% de estos hidrolizados frente a *E. coli* O177:H7.

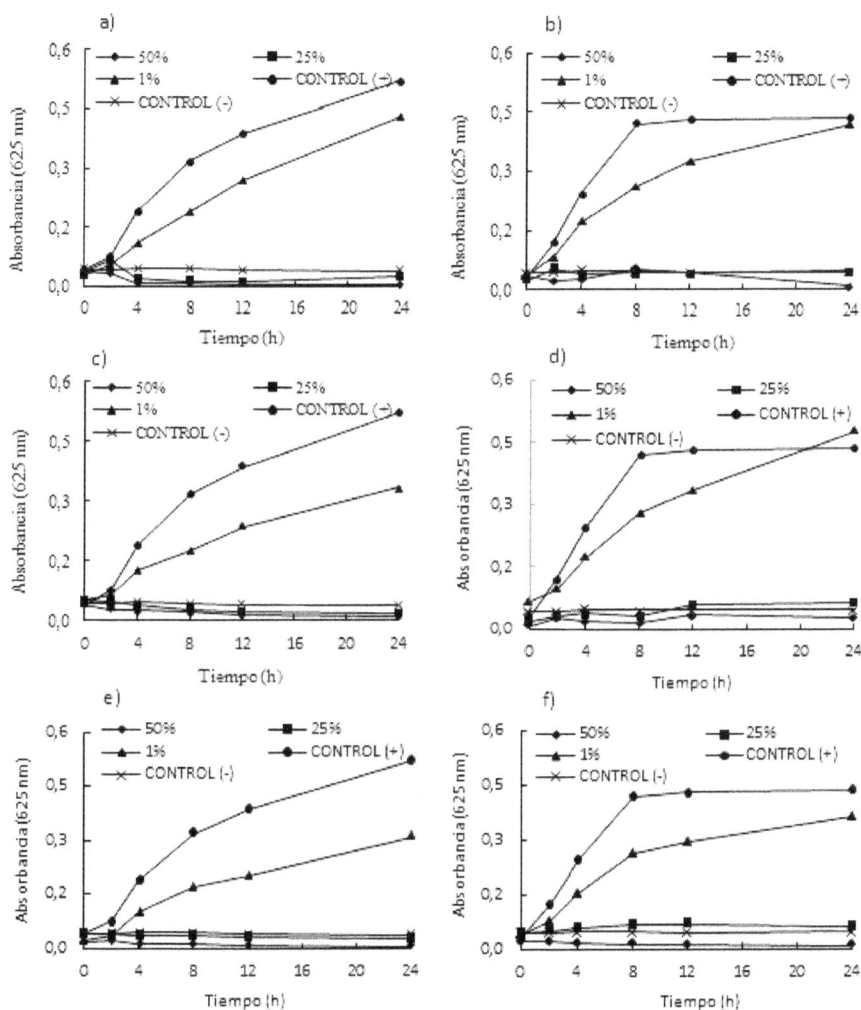

Figura 4. Determinación espectrofotométrica de la Inhibición del crecimiento bacteriano. Efecto del hidrolizado de P. lunatus sobre a) S. aureus y b) S. flexneri, de la fracción > 10 kDa sobre c) S. aureus y d) S. flexneri, y de la fracción < 10 kDa sobre e) S. aureus y f) S. flexneri, a diferentes concentraciones 1, 25 y 50%. Control negativo (agua destilada estéril) y control positivo (nisina 20 mg/mL)

De igual manera Ayob, Nee, San, Leong y Osmar (2009) comprobaron que al aplicar la ultrafiltración se obtienen fracciones peptídicas con mayor actividad antimicrobiana como ocurrió con los hidrolizados de palma contra el *Bacillus cereus*. El comportamiento del hidrolizado y sus fracciones, en cuanto a la inhibición del crecimiento bacteriano, probablemente se debió a la presencia de péptidos con actividad antimicrobiana, generados durante la hidrólisis.

No obstante, en el hidrolizado y en la fracción > 10 kDa, podrían haber otros componentes como proteínas sin hidrolizar y carbohidratos, que actuarían como fuente de alimento para los microorganismos. Con base a esto se considera que la mejor alternativa para obtener PAM es la fracción < 10 kDa a las concentraciones de 25% y 50%, pues tiene mayor pureza y esto facilitaría el aislamiento de los péptidos.

Inhibición del crecimiento bacteriano por el método de dilución en agar

A la concentración de 25% la fracción de < 10 kDa redujo de forma limitada el crecimiento de *S. aureus* y no tuvo ningún efecto sobre *S. flexneri*, observándose un crecimiento masivo (Figura 5). Por el contrario a la concentración de 50%, la fracción inhibió el crecimiento de ambos microorganismos. De acuerdo con Denisson, Wallace, Harris y Phoenix (2005), el efecto antimicrobiano de un hidrolizado o una fracción peptídica se debe a las características de los péptidos presentes, tales como secuencia aminoacídica, hidrofobicidad y carga neta. Otro factor que también influye es la composición de la membrana celular del microorganismo, ya que esta no es la misma para las bacterias Gram positivas (como *S. aureus*) y las Gram negativas (como *S. flexneri*).

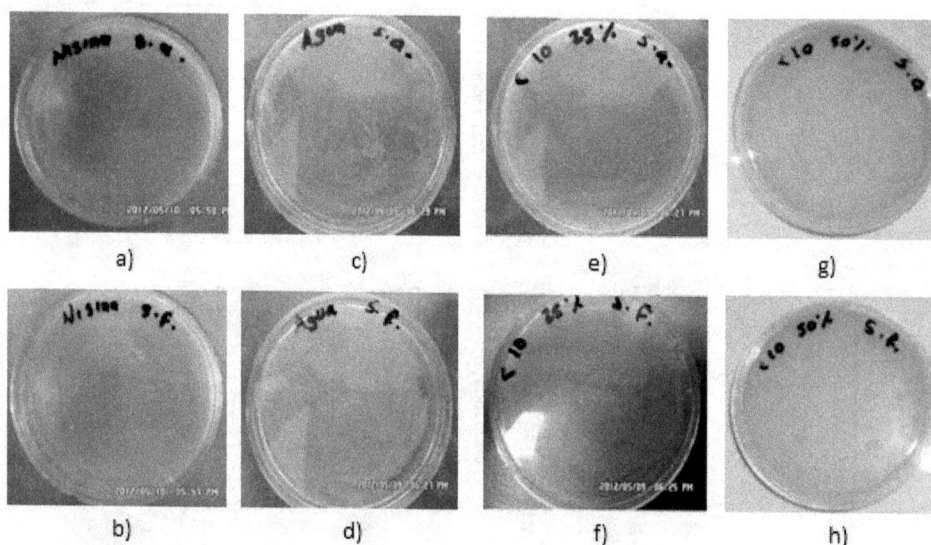

*Figura 5. Inhibición del crecimiento bacteriano por el método de dilución en agar.
a) Control negativo S. aureus, b) Control negativo S. flexneri, c) Control positivo
S. aureus, d) Control positivo S. flexneri, e) Fracción < 10 KDa (25%) contra S. aureus,
f) Fracción < 10 KDa (25%) contra S. flexneri, g) Fracción < 10 KDa (50%) contra S. aureus,
h) Fracción < 10 KDa (50%) contra S. flexneri*

Mínima Concentración Inhibitoria

En la Figura 6 se muestran los resultados de la determinación de la mínima concentración inhibitoria de la fracción de < 10 KDa, empleando cloruro de trifeniltetrazolio como indicador de la viabilidad de las células bacterianas. Las zonas de color rojo son indicativas de que las células bacterianas se encontraban viables y no fueron afectadas por la concentración de la fracción de < 10 KDa.

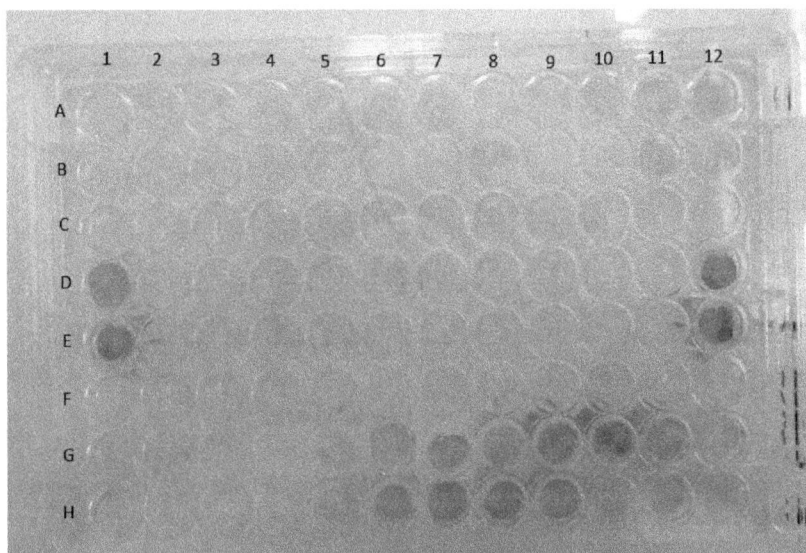

Figura 6. Determinación de la mínima concentración inhibitoria de la fracción de < 10 KDa, capaz de inhibir el crecimiento de S. aureus y S. flexneri. Las columnas 1 a 12 corresponden a las concentraciones de la fracción < 10 kDa de: 100, 96, 90, 86, 80, 70, 60, 50, 40, 30, 20 y 10%. Filas A y B inhibición de S. aureus, *filas G y H inhibición de* S. flexneri. *Los pozos 1D, 12D, 1E y 12E (control positivo), los pozos 2D, 11D, 2E y 11E (control negativo)*

La mínima concentración inhibitoria de la fracción de < 10 KDa para *S. aureus* fue de 392.04 µg de proteína/mL. En tanto que la mínima concentración inhibitoria de la fracción de < 10 KDa para *S. flexneri* de 993.17 µg de proteína/mL. La mínima concentración inhibitoria que presentó la fracción de < 10 KDa del hidrolizado de *P. lunatus*, fue menor a la reportada por Ayob et al. (2009) de 2400 µg/mL contra *Bacillus cereus*, para una fracción de < 10 KDa obtenida a partir de la hidrólisis con pepsina del residuo proteínico de la palma *Elaeis guineensis*.

5. Cromatografía de filtración en gel

La fracción peptídica de < 10 kDa obtenida por ultrafiltración del hidrolizado de *P. lunatus*, presentó la mayor actividad antimicrobiana contra los dos microorganismos evaluados. Por lo que los péptidos que la constituyen fueron separados y purificados de acuerdo a su tamaño molecular. Los cromatogramas obtenidos de los estándares de peso molecular y de la fracción peptídica de < 10 kDa se presentan en la Figura 7. El cromatograma se dividió en 6 secciones de acuerdo al tamaño molecular de los estándares empleados: SI = > 670 kDa, SII = 158-670 kDa, SIII = 44-158 kDa, SIV = 17-44 kDa, SV = 1.35-17 kDa, SVI = < 1.35 kDa. En el perfil cromatográfico de la fracción < 10 kDa (Figura 7), se observan tres conjuntos de péptidos distribuidos entre las secciones III, V y VI. De acuerdo con las curvas de calibración que se obtuvieron con los estándares de peso molecular conocido, los picos mayoritarios estarían constituidos por péptidos con pesos moleculares de 0.82 kDa (Sección VI), 5.8 kDa (sección V), y 179 kDa (Sección III), que corresponderían a secuencias de 4, 28 y 880 residuos aminoacídicos, respectivamente.

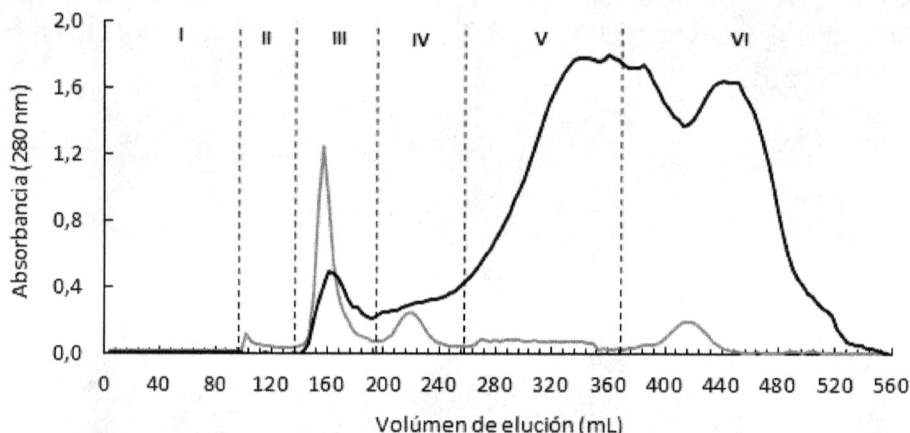

Figura 7. Perfil cromatográfico de filtración en gel (columna Sephadex G-50) de la fracción de < 10 kDa obtenida por ultrafiltración del hidrolizado proteínico de P. lunatus. (−) Fracción < 10 kDa. (−) Estándares de peso molecular

Para evaluar la actividad antimicrobiana de la fracción peptídica de < 10 kDa se agruparon los conjuntos de péptidos distribuidos en las secciones SV y SVI en 6 fracciones peptídicas, cuyos rangos de volumen de elución fueron los siguientes: F1 = 276-308 mL, F2 = 311-343 mL, F3 = 346-378 mL, F4 = 381-413 mL, F5 = 416-448 mL, F6 = 451-483 mL. Las fracciones con volúmenes de elución menores y mayores a 276 mL y 483 mL, no fueron analizadas por corresponder a polipéptidos de alto peso molecular y aminoácidos libres, los cuales no se caracterizan por presentar actividad antimicrobiana. Para las fracciones obtenidas por cromatografía de gel, el contenido de proteína osciló entre 351.41 y 1582 µg/mL (Tabla 2) con F5 presentando el mayor contenido de proteína y F1 el menor.

Fracción	Concentración de proteína (mg/mL)
1	351.18[a]
2	375.21[b]
3	398.91[c]
4	1402.54[e]
5	1582.53[f]
6	617.91[d]

Tabla 2. Contenido de proteína de las fracciones obtenidas por cromatografía de filtración en gel. Letras diferentes en la misma fila indican diferencia estadística significativa (p < 0.05)

De las seis fracciones peptídicas obtenidas por filtración en gel, solamente la fracción 6 inhibió el crecimiento de los microorganismos evaluados (Figura 8).

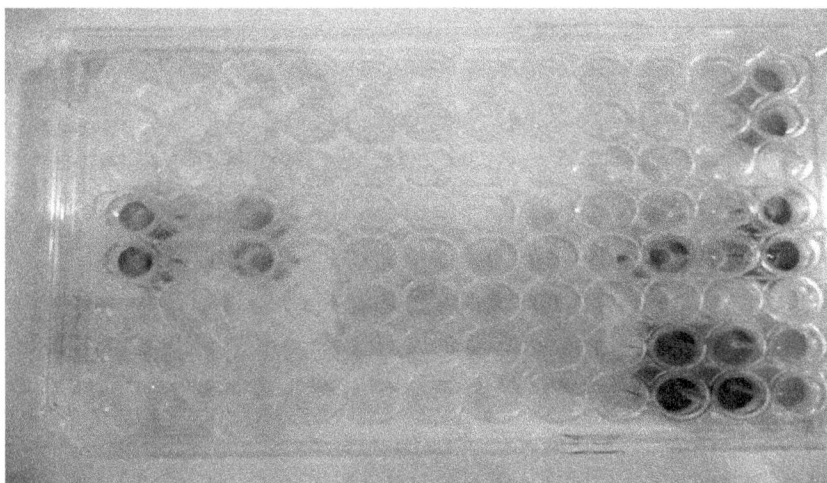

Figura 8. Determinación de la mínima concentración inhibitoria de la fracción 6 obtenida por cromatografía de filtración en gel. Las columnas 1 a 12 corresponden a las concentraciones de la fracción 6 de: 100, 96, 90, 86, 80, 70, 60, 50, 40, 30, 20 y 10%. Filas A y B inhibición de S. aureus, *filas G y H inhibición de* S. flexneri. *Los pozos 1D, 12D, 1E y 12E (control positivo), los pozos 2D, 11D, 2E y 11E (control negativo)*

La mínima concentración inhibitoria (MCI) de la fracción 6 para *S. aureus* fue de 61.79 µg de proteína/mL. En tanto que la mínima concentración inhibitoria para *S. flexneri* fue de 185.37 µg de proteína/mL. En ambos casos la mínima concentración inhibitoria disminuyó, indicando que la separación y purificación por cromatografía de filtración en gel permitió obtener la fracción cuyos péptidos, son los responsables de la actividad antimicrobiana observada tanto en el hidrolizado como en las fracciones peptídicas ultrafiltradas. Para el caso de *S. aureus*, la MCI disminuyó 6.3 veces y para *S. flexneri* la MIC disminuyó 5.3 veces.

6. Conclusiones

El concentrado proteínico de *P. lunatus* fue adecuado para generar hidrolizados limitados vía hidrólisis enzimática *in vitro*, empleando las enzimas pepsina y pancreatina, y el sistema enzimático secuencial pepsina-pancreatina. El menor grado de hidrólisis se obtuvo con pepsina (5.5%). La porción soluble del hidrolizado se fraccionó empleando una celda de ultrafiltración, generando dos fracciones una > 10 KDa y una < 10 KDa. El hidrolizado y las fracciones peptídicas, presentaron actividad antimicrobiana contra *S. aureus* y *S. flexneri*. La mayor actividad antimicrobiana la presentó la fracción < 10 kDa con una mínima concentración inhibitoria de 392.04 µg/mL contra *S. aureus* y 993.17 µg/mL contra *S. flexneri*. Los resultados permiten plantear el potencial uso de los hidrolizados y las fracciones peptídicas de *P. lunatus* para la obtención de péptidos antimicrobianos, los cuales pueden emplearse como aditivos de origen natural, los cuales presentan la ventaja de no desarrollar mecanismos de inmunidad en los microorganismos.

Agradecimientos

Al Consejo Nacional de Ciencia y Tecnología (CONACYT) por su apoyo al proyecto de ciencia básica titulado "Actividad biológica de fracciones peptídicas derivadas de la hidrólisis enzimática de proteínas de frijoles lima (*Phaseolus lunatus*) y caupí (*Vigna unguiculata*)". Con número de convenio 153012), del cual forma parte este trabajo.

Referencias

AOAC (1997). *Official Methods of analysis. Association of official analytical chemists,* 15th ed., Ed. William Horwitz, Washington, D.C., USA.

Ayob, M.K., Nee, T.Y., San, T.K., Leong, C.K., & Osmar, A.M.D. (2009). Antimicrobial effects of palm kernel cake protein hidrolysates. *Prosiding Seminar kimia Bersama UKM-ITB VIII,* 1-13.

Bartholomai, G.B., Tosi, E., & González, R. (2000). *Caracterización de compuestos nutritivos, no nutritivos y calidad proteica.* 1ª ed., Programa iberoamericano de Ciencia y Tecnología para el Desarrollo (CYTED).

Betancur-Ancona, D., Gallegos-Tintoré, S., & Chel-Guerrero, L. (2004). Wet-fractionation of *Phaseolus lunatus* seeds: partial characterization of starch and protein. *Journal of the Science of Food and Agriculture, 84(10),* 1193-1201.

Bradford, M.M. (1976). A rapid and sensitive method for the quantitation of microgram quantities of protein utilizing the principle of protein-dye binding. *Analytical Biochemistry, 72,* 24248-24254.

Chel, L., Pérez, V., Betancur, D., & Dávila, G. (2002). Functional Properties of Flours and Protein Isolates from *Phaseolus lunatus* and *Canavalia ensiformis* seeds. *Journal of Agriculture and Food Chemistry, 50(3),* 584-591.

Cho, M.J., Unklesbay, N., Hsieh, F., & Clarke, A.D. (2004). Hydrophobicity of bitter peptides from soy protein hydrolysate. *Journal of Agricultural and Food Chemistry, 52,* 5895-5901. http://dx.doi.org/10.1021/jf0495035

Christman, J. (2010). Antimicrobial activity of casein hidrolizates against *Listeria monocytogene* and *Escherichia coli* O157:H7. Master's thesis, University of Tennessee, 42-62.

Davidson, P.M., & Harrison, M.A. (2002). Resistance and adaptation to food antimicrobials, sanitizers and other. *Food Technology, 56(11),* 69-78.

Denisson, S., Wallace, J., Harris, F., & Phoenix, D. (2005). Amphifhilic α-helical antimicrobial peptides and their structure/function relathionships. *Protein and Peptide Letters, 12(1),* 31-39.

Dubin, A., Mak, P., Dubin, G., Rzychon, M., Stec, J., Wladyka, B., Maziarka, K., & Chmiel, D. (2005). New generation of peptide antibiotics. *Acta Biochimica Polonica, 52(3),* 633-638.

Gutiérrez, P.B., & Orduz, S. (2003). Péptidos antimicrobianos: estructura, función y aplicaciones. *Actualidades Biológicas, 25,* 5-15.

Lajolo, F.M. (2002). Functional foods: Latin American perspectives. *British Journal of Nutrition, 88(2),* S145-S150.

Lowry, O.H., Rosebrough, N.J., Farr, L., & Randall, R.J. (1951). Protein measurement with the Folin Phenol Reagent. *Journal of Biology Chemistry, 193,* 267-275.

Megías, C., Yust, M., Pedroche, J., Lquari, H., Girón-Calle, J., Alaiz, M., Millán, F., & Vioque, J. (2004). Purification of an ACE inhibitory peptide after hydrolysis of sunflower (*Helianthus annuus* L.) protein isolates. *Journal of Agricultural and Food Chemistry, 52,* 1928-1932.

Montgomery, D. (2005). Diseño y análisis de experimentos. 2ª ed., México, Limusa Willey, 100-102.

Nielsen, P., Petersen, D., & Dammann, C. (2001). Improved method for determine food protein degree of hydrolysis. *Journal of Food Science, 66,* 642-648. http://dx.doi.org/10.1111/j.1365-2621.2001.tb04614.x

Rivas, B., Sada, E., Hernández, R., & Tsutsumi, V. (2006). Péptidos antimicrobianos en la inmunidad innata de las enfermedades infecciosas. *Salud Pública de México, 48,* 62-71.

Rivillas, L., & Soriano, M. (2006). Antimicrobial peptides from plants as mechanism of defense. *Actual Biology, 28(85),* 155-169.

Rodríguez. D., & Schöbitz R. (2009). Película antimicrobiana a base de proteína de suero lácteo, incorporada con bacterias lácticas como controlador de Listeria monocytogenes, aplicada sobre salmón ahumado. *Revista Biotecnológica en el Sector Agropecuario y Agroindustrial, 7(2),* 49-54. Universidad del Cauca, Facultad de Ciencias Agrarias.

Ruiz-Ruiz, J.C., Dávila-Ortíz, G., Chel-Guerrero, L.A., & Betancur-Ancona, D.A. (2012). Wet fractionation of hard-to-cook bean (*Phaseolus vulgaris* L.) seeds and characterization of protein, starch and fibre fractions. *Food Bioprocess and Technology, 5,* 1531-1540.

SAGARPA. Secretaría de Agricultura, Ganadería, Desarrollo Rural, Pesca y Alimentación de México (2000). *Situación actual y perspectiva de la producción de frijol en México, 1990-2000.*

Sewald, N., & Jakubke, H.D. (2002). *Peptides: Chemistry and Biology.* Weinheim, Germany: Wiley-VCH, Verlag GmbH, 590. http://dx.doi.org/10.1002/352760068X

Tello, R, Ruiz, J., Chel, L., & Betancur, D. (2010). Funcionalidad biológica de jugo de naranja incorporado con hidrolizado proteínicos de frijol lima (Phaseolus lunatus). En: *Utilización de recursos naturales tropicales para el desarrollo de alimentos.* Ed. UADY, Mérida, Yucatán, México, 233-238.

Vaca-Ruiz, M.L., Silva, P.G., & Laciar, A.L. (2009). Comparison of microplate, agar drop and well diffusion plate methods for evaluating hemolytic activity of *Listeria monocytogenes*. *African Journal of Microbiology Research, 3(6),* 319-324.

Vioque, J., Megías, C., Yust, M.M., Pedroche, J., Lquari, H., Girón-Calle, J., Alaiz, M., & Millán, F. (2004). Purification of an ACE Inhibitory Peptide alters Hydrolysis of Sunflower (Helianthus annuus L.) Protein Isolates. *Journal of Agricultural and Food Chemistry, (52),* 1928-1932.

Zamudio, P.B., Bello, L.A., Vargas, A., Hernández, J.P., & Romero, C.A. (2007). Caracterización parcial de películas preparadas con almidón oxidado de plátano. *Agrociencia, 41,* 837-844.

Capítulo 7

Actividad de los hidrolizados proteínicos de *Mucuna pruriens* en modelos *in vivo* que revierten enfermedades incluidas dentro del síndrome metabólico

Saulo Galicia Martínez[1], Juan Torruco Uco[2], Elizabeth Negrete León[3], Ma. Luisa Cadena Pino[3], Juan José Acevedo Fernández[3], José Santos Angeles Chimal[3,4], Jesús Santa-Olalla Tapia[3,4], Vera Lucía Petricevich López[3]

[1.] Facultad de Ingeniería Química, Universidad Autónoma de Yucatán, México.

[2.] Departamento de Ingeniería Química y Bioquímica, Instituto Tecnológico de Tuxtepec, Oaxaca, México.

[3.] Facultad de Medicina, Universidad Autónoma del Estado de Morelos, México.

[4.] Unidad de Diagnóstico y Medicina Molecular "Dr. Ruy Pérez Tamayo", Facultad de Medicina/Hospital del Niño Morelense, Calle Gustavo Góme Azcarate #205, Col. Lomas de la Selva, C.P. 62270 Tel.: (777) 1020583.

juan.acevedo@uaem.mx

Doi: http://dx.doi.org/10.3926/oms.90

Referenciar este capítulo

Galicia Martínez, S., Torruco Uco, J., Negrete León, E., Cadena Pino, M.L., Acevedo Fernández, J.J., Angeles Chimal, J.S., Santa-Olalla Tapia, J., & Petricevich López, V.L. (2013). Actividad de los hidrolizados proteínicos de *Mucuna pruriens* en modelos *in vivo* que revierten enfermedades incluidas dentro del síndrome metabólico. En M. Segura Campos, L. Chel Guerrero & D. Betancur Ancona (Eds.), *Bioactividad de péptidos derivados de proteínas alimentarias* (pp. 155-173). Barcelona: OmniaScience.

S.Galicia Martínez, J.Torruco Uco, E.Negrete León, M.L.Cadena Pino, J.J.Acevedo Fernández, J.S.Angeles Chimal, J.Santa-Olalla Tapia, V.L.Petricevich López

1. Introducción

Una alimentación inadecuada y un estilo de vida sedentario han incrementado la prevalencia y mortalidad de enfermedades incluidas en el síndrome metabólico. De acuerdo a estudios epidemiológicos, para el 2030, a escala mundial, se espera un aumento en la obesidad, hipertensión y diabetes del 36, 28 y 19%, respectivamente. Por otra parte, se ha destacado que existe una estrecha relación entre la corrección hacia una dieta balanceada de las personas y la disminución en la incidencia de enfermedades metabólicas. De esta manera, al incrementar el valor agregado de los alimentos naturales con hidrolizados proteínicos que confieran propiedades farmacológicas contra patologías de alta frecuencia, serán de mayor interés para la industria de los alimentos y la farmacéutica. Los estudios realizados con hidrolizados proteínicos han demostrado diversas actividades farmacológicas, entre las que destacan: efectos antihipertensivos, antioxidantes, antimicrobianos, inmunomoduladores o antitrombóticos. El procesamiento de algunos alimentos, por proteólisis enzimática o química generan péptidos y residuos de aminoácidos que pueden ser incorporados a la circulación sanguínea tras ser ingeridos y llevar a cabo algún efecto terapéutico al participar en la regulación de diferentes vías fisiológicas. Existen diversos neuropéptidos (CRH, TRH, neuropéptido Y, angiotensina) que regulan el funcionamiento del sistema nervioso, además péptidos-endócrinos que controlan el metabolismo celular y la ingesta de alimento (neuropéptido Y, orexina, leptina, adipocinas). Por otra parte, también existen diversos mecanismos que controlan su concentración (degradación y recaptura), los cuales pueden ser regulados por polipéptidos. De esta manera, las actividades biológicas potenciales de hidrolizados proteínicos sugieren su uso en formulaciones farmacéuticas (nutracéuticos) o en alimentos funcionales para promover el estado de salud, mejorar la calidad de vida, así como reducir las complicaciones de las enfermedades crónico-degenerativas. De las enfermedades del síndrome metabólico, la diabetes, la hipertensión y las dislipidemias (hipertrigliceridemia, hipercolesterolemia LDL, hipocolesterolemia HDL) son los padecimientos metabólicos más importantes. La diabetes se caracteriza por hiperglucemia, la cual favorece un estrés oxidativo que daña órganos vitales y favorece el desarrollo de sus complicaciones, las que causarán incapacidad física, laboral e incluso la muerte. Por su parte, la hipertensión y las dislipidemias representan los factores de riesgo más importantes para sufrir episodios letales como accidentes cerebro-vasculares o infarto agudo al miocardio. Actualmente, estas enfermedades del síndrome metabólico representan un problema de salud pública, siendo tratadas con fármacos que pueden producir efectos secundarios importantes. De esta manera, los hidrolizados proteínicos con actividad hipoglucémica, antihipertensiva, hipolipemiante o antioxidante representan un complemento al tratamiento en curso del síndrome metabólico. En diversos estudios se han evaluado hidrolizados contra padecimientos que conforman el síndrome metabólico. En este trabajo se presentan los efectos de los hidrolizados de *M. pruriens* obtenidos con Alcalasa, Flavourzima y un sistema secuencial, en donde resalta el efecto antihipertensivo en ratas Wistar hipertensas, reduciendo 25 y 23% las presiones sistólica y diastólica, respectivamente.

2. Síndrome metabólico, hidrolizados proteínicos y su evaluación en modelos experimentales

2.1. Causas y epidemiología del síndrome metabólico

El abuso de alimentos hipercalóricos (grasos o dulces), combinado con un estilo de vida sedentario son los factores de riesgo responsables del incremento en la prevalencia y la mortalidad de las enfermedades incluidas en el síndrome metabólico. De acuerdo a estudios epidemiológicos internacionales, para el 2030 se espera un aumento en la obesidad, hipertensión y diabetes del 36, 28 y 19%, respectivamente. De acuerdo a la Federación Internacional de la Diabetes, en el 2010 había 285 millones de diabéticos en el mundo, 317 millones en el 2012 y el pronóstico para el 2030 no es muy alentador, ya que se espera que este número aumente significativamente hasta 439 millones. Sin embargo, es importante resaltar que la distribución de los enfermos no es homogénea, mientras que en algunos países la diabetes y sus complicaciones representan un problema de salud pública importante para otros es prácticamente inexistente. En el continente americano, por ejemplo, la prevalencia de diabetes en países del centro y norte (10.5%) es un poco mayor a la presentada en los países del cono sur (9.2%), pero más del doble que la encontrada en los países del sur de África (4.3%) (Figura 1). En México el problema es mayor, y en el 2012 alcanzó el 6º lugar a nivel mundial con 10.6 millones de pacientes diabéticos (Figura 2). La prevalencia prácticamente se duplicó en tan solo 12 años. La Encuesta Nacional de Salud y Nutrición (ENSA 2000) reportó una prevalencia de 5.8, 7.5% en 2006 (ENSANUT 2006) y 9.2% en el 2012 (ENSANUT 2012) en población mayor de 20 años. Este crecimiento acelerado ha despertado un estado de alerta general por la diabetes y sus complicaciones, ya que quienes la padecen ocupan el primer lugar en número de defunciones, superando el número de muertes ocasionadas por enfermedades infecciosas. Considerando que un poco más del 50% de la población adulta y casi un 35% de la población infantil tiene sobrepeso y obesidad, se puede inferir que cerca del 85% de la población presenta factores de riesgo importantes para desarrollar diabetes o síndrome metabólico en los próximos 5 a 10 años.

Ante esta perspectiva de salud, a corto plazo los pronósticos son catastróficos para todos los sectores de la sociedad. Los servicios de salud serán rebasados y no podrán atender los requerimientos asistenciales de la población, así como el colapso financiero de las mismas por el costo de los servicios especializados que se requieren. En el sector productivo e industrial aumentarán las ausencias laborales por asistencia a consulta, revisión y tratamiento médico; sin embargo será más significativo el incremento en las incapacidades físicas y laborales a temprana edad (35-50 años), lo que generará miles de años de vida productivos perdidos. No es de extrañar entonces que todos los actores de la sociedad hayan dado la voz de alerta para establecer los mecanismos de prevención que limite o detenga el avance acelerado de estas enfermedades crónico-degenerativas. Sin embargo, el creciente desarrollo de los países, el aumento en el desarrollo de dispositivos tecnológicos que fomentan el sedentarismo y un acelerado y estresante ritmo de vida que lleva a consumir alimentos procesados ricos en grasas o carbohidratos incrementan la tasa de incidencia y mortalidad de enfermedades crónico degenerativas como diabetes, dislipidemias e hipertensión.

S.Galicia Martínez, J.Torruco Uco, E.Negrete León, M.L.Cadena Pino, J.J.Acevedo Fernández, J.S.Angeles Chimal, J.Santa-Olalla Tapia, V.L.Petricevich López

AMÉRICA DEL NORTE Y CARIBE
Los gastos sanitarios para el tratamiento y control de diabetes resultaron más altos en esta región que en cualquier otra
1 de cada 10 adultos en esta región tiene diabetes
10.5%
PREVALENCIA
38 M
29.2% NO DIAGNOSTICADA

ORIENTE MEDIO Y NORTE DE ÁFRICA
1 de cada 9 adultos en esta región tiene diabetes
Más de la mitad de las personas con diabetes en esta región no ha sido diagnosticada
55 M
39.6% NO DIAGNOSTICADA
10.9%
34 M
52.9% NO DIAGNOSTICADA
PREVALENCIA

EUROPE
1 de cada 3 dólares utilizados en el tratamiento y control de diabetes fueron gastados en esta región
21.2 millones de personas en esta región tienen diabetes y no han sido diagnosticados
6.7%
PREVALENCIA
70 M
51.1% NO DIAGNOSTICADA
8.7%
PREVALENCIA

PACÍFICO OCCIDENTAL
1 de cada 3 adultos con diabetes vive en esta región
6 de los 10 primeros países en prevalencia de diabetes son islas del Pacífico
132 M
57.9% NO DIAGNOSTICADA
8.0%
PREVALENCIA

8.7%
PREVALENCIA
50% NO DIAGNOSTICADA
MUNDO 371 M personas con diabetes

9.2%
PREVALENCIA
26 M
45.5% NO DIAGNOSTICADA

4.3%
PREVALENCIA
15 M
81.2% NO DIAGNOSTICADA

9.7%
PREVALENCIA

AMÉRICA CENTRAL Y DEL SUR
Sólo el 5% de los dólares utilizados en el tratamiento y control de diabetes fueron gastados en esta región
1 de cada 11 adultos en esta región tiene diabetes

ÁFRICA
En los próximos 20 años, el número de personas con diabetes en esta región se duplicará
Esta región tiene la tasa de mortalidad por diabetes más alta del mundo

SUDESTE ASIÁTICO
1 de cada 5 casos no diagnosticados de diabetes se encuentra en esta región
1 de cada 4 muertes ocasionadas por diabetes ocurrió en esta región

*Todas las cifras son presentadas como tasas comparativas

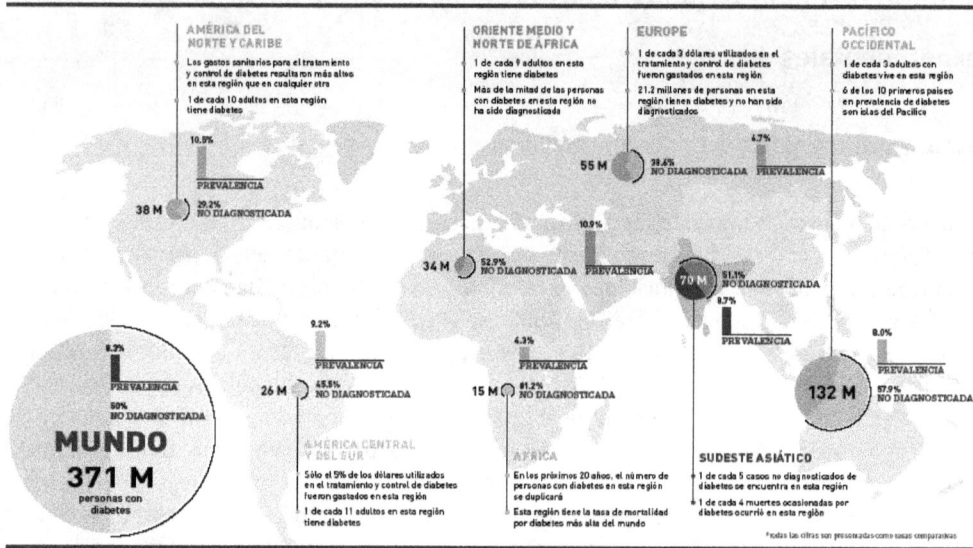

Figura 1. Prevalencia internacional de la diabetes en población de 20 a 79 años (IDF, 2012)

Siendo el síndrome metabólico resultado de un estilo de vida "moderno", no es de extrañar que a la fecha hayan fallado los diferentes programas y campañas de prevención establecidos por el gobierno federal, los servicios de salud así como las organizaciones no gubernamentales (ONGs). Sobre todo cuando no hay una congruencia entre lo que se promueve y lo que se practica. También puede ser debido a una desarticulación entre los diferentes programas y niveles de intervención: centros educativos, de salud, gobierno, comercios, y medios de comunicación masiva que promueven alimentos y bebidas con alto contenido calórico como un satisfactor de modernidad, estatus o de comodidad.

Así, por un desmedido poder de competencia y libre comercio del mundo globalizado, el triángulo que podría haber ocasionado la pandemia actual del síndrome metabólico está entre la industria farmacéutica, la industria alimentaria y la industria de los medios masivos de comunicación. En conjunto, sin embargo, estos mismos también podrían representar una parte importante de la solución. Al aumentar la producción y distribución de alimentos sanos que aporten el factor nutrimental y que sean funcionales contra las enfermedades asociadas al síndrome metabólico. Todo esto acompañado de campañas masivas a todos los actores de la sociedad (desde el sector educativo en todos sus niveles hasta el político-administrativo y asistencial), que promuevan el ejercicio y el consumo de estos alimentos saludables. Los alimentos funcionales, además de mejorar la calidad y aumentar las expectativas de vida, reducirían de manera importante el gasto en salud de la población.

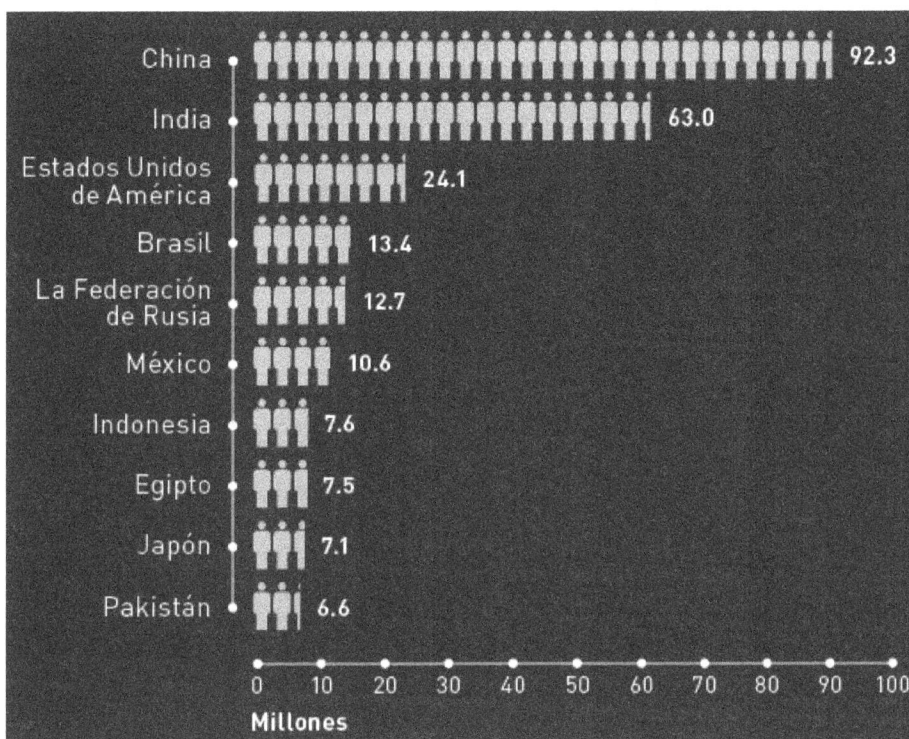

País	Millones
China	92.3
India	63.0
Estados Unidos de América	24.1
Brasil	13.4
La Federación de Rusia	12.7
México	10.6
Indonesia	7.6
Egipto	7.5
Japón	7.1
Pakistán	6.6

Figura 2. Primeros 10 países/territorios con mayor número de diabéticos de 20 a 79 años (IDF, 2012)

2.2. Alimentos chatarra o alimentos ricos en proteínas

El contenido de proteínas en los alimentos es fundamental para alcanzar un nivel adecuado de nutrición (Morris, Borges, Martínez & Carrillo, 2002). Existen dos factores que determinan el valor nutrimental de las proteínas, el contenido proteínico y la calidad de la proteína (Badui, 2006), definida como la capacidad que tienen para cubrir los requerimientos de nitrógeno y aminoácidos de un individuo, ya que estos aminoácidos de la dieta pueden utilizarse para la síntesis proteínica (Martínez & Martínez, 2006). Debido a que la calidad de los alimentos es un factor de riesgo importante para la aparición de las enfermedades del síndrome metabólico, hay una tendencia creciente en la investigación para el uso de hidrolizados proteínicos de diversas fuentes: leche y sus derivados, tejidos animales, plantas y granos de leguminosas, algunas de las cuales presentan un contenido de proteína importante pero no son aprovechadas de manera significativa para la alimentación humana, tal es el caso de la leguminosa *Mucuna pruriens*. La hidrólisis enzimática de las fracciones proteicas de diversas leguminosas tropicales como *Phaseolus lunatus*, *Phaseolus vulgaris*, *Vigna unguiculata*, generan fracciones peptídicas con propiedades farmacológicas que se encuentran inactivas en la proteína. Estos péptidos pueden regular eventos fisiopatológicos asociados al síndrome metabólico, como inhibidores de la enzima convertidora de angiotensina (ECA) para reducir la presión arterial, secretagogos de insulina para reducir la hiperglucemia de la diabetes o hipolipemiantes para regular las dislipidemias.

A diferencia de otras sustancias orgánicas, las proteínas de la dieta están sujetas a cambios drásticos en su estructura durante el proceso de digestión y absorción, las proteínas ingeridas son hidrolizadas por diversas proteasas para producir oligopéptidos, que a su vez son hidrolizados a pequeños péptidos por las peptidasas presentes en el cepillo de la superficie de las células epiteliales para liberar di- y tri-péptidos e incluso aminoácidos, que pueden atravesar el intestino delgado hacia la circulación sistémica (Shimizu, 2004). Algunos péptidos son también absorbidos en bajas concentraciones y pueden modular la función celular a través de sus propiedades biológicas (Zaloga & Siddiqui, 2004). La biodisponibilidad reducida de los aminoácidos puede ser causada por diversos factores, entre ellos la inaccesibilidad a las proteasas por su conformación, por formar complejos con metales, lípidos o celulosa, así como por el procesamiento al que haya sido previamente sometida la proteína (Badui, 2006).

Las principales fuentes de proteína son de origen animal, como carne, leche y huevos, algunos de estos por lo general de elevado costo, lo que ha dado lugar a un aumento en la investigación de fuentes de proteína vegetal (Chel, Pérez, Betancur & Dávila, 2002). Así pues, es necesario desarrollar procesos de extracción de proteínas vegetales para su utilización en otras aplicaciones (Vioque, Sanchez, Pedroche, Yust & Millán, 2001), como enriquecer los alimentos procesados y productos texturizados para el consumo humano (Chel et al., 2002).

2.3. Obtención de proteínas vegetales

Para obtener la fracción proteínica de las leguminosas se deben eliminar los compuestos solubles no proteicos presentes en la harina, quedando un producto rico en azúcares insolubles y proteínas (Vioque et al., 2001). Para la extracción de las proteínas se pueden aplicar algunos de los siguientes métodos:

- Lavado alcalino y precipitación al punto isoeléctrico de las proteínas

- Lavado con agua después de tratamiento térmico

- Tratamiento mediante soluciones hidroalcohólicas.

De estos, la precipitación isoeléctrica es la alternativa más favorable ya que permite el uso integral de los granos de leguminosas. Se obtiene un producto rico en proteínas, almidón y fracciones elevadas en fibra (Betancur, Gallegos & Chel, 2004). Mediante estos procesos, de la harina de *Mucuna pruriens* se puede obtener la fracción rica en proteínas < 70% (Adebowale, 2008; Adebowale, Adeyemi, Oshodi & Niranjan, 2007; Corzo, Chel & Betancur, 2000), así como concentrados proteínicos (> 70% de proteína) de *Phaseolus lunatus* y *Phaseolus vulgaris* (Torruco, 2008). También se pueden obtener aislados proteínicos (90% o más de proteína), en medio alcalino (pH entre 7 y 11) para favorecer la solubilización de las proteínas desnaturalizadas, se precipitan en su punto isoeléctrico, y después se separan por centrifugación o filtración (Chel et al., 2002; Betancur et al., 2004). Las fracciones ricas en proteína, así como los concentrados y aislados proteicos se utilizan en la elaboración de alimentos como fuente de nitrógeno (Vioque, Pedroche, Yust, Lqari, Megías, Girón et al., 2006), en la formulación de dietas especiales para la alimentación infantil y/o de adultos mayores (Guadix, Guadix, Paez, Gonzalez & Camacho, 2000). Una vez obtenido el aislado, concentrado o fracción proteínica, y con el fin de mejorar sus propiedades se someten a procesos de hidrólisis enzimática. Esto modifica las propiedades fisicoquímicas y farmacológicas de las proteínas, favoreciendo su solubilidad, absorción y biodisponibilidad, sin que se vea afectado el valor nutrimental (Betancur, Martinez, Corona, Castellanos, Jaramillo & Chel, 2009).

2.4. Hidrolizados proteínicos

Los hidrolizados enzimáticos han sido utilizados para mejorar las propiedades funcionales de los productos alimenticios, en la formulación de productos farmacéuticos y de aplicación clínica específica, así como para hacer a la proteína hipoalergénica y para obtener péptidos bioactivos (Tardioli, Fernández, Guisán & Giordano, 2003). La hidrólisis enzimática presenta indudables ventajas frente a la hidrólisis química ácida o alcalina tradicional, entre ellas su selectividad ya que son específicas para un tipo determinado de enlace y, por tanto, es poco frecuente la aparición de productos de degradación. La hidrólisis ocurre en condiciones moderadas de temperatura y pH (40 a 60 °C y pH entre 4-8), no se añaden sustancias extrañas y, lo más importante, se conserva el valor nutritivo. La hidrólisis alcalina, por el contrario, destruye los aminoácidos Arginina y Cisteína y la hidrólisis ácida disminuye los niveles de triptófano y desamina a la serina y la treonina (Guadix et al., 2000).

El porcentaje de enlaces peptídicos rotos (grado de hidrólisis, GH) puede ser controlado mediante la proporción enzima - sustrato, tiempo de hidrólisis y temperatura.

Los hidrolizados proteínicos se dividen en dos grandes grupos:

- Hidrolizados limitados, con GH menores del 10%, para mejorar sus propiedades funcionales

- Hidrolizados extensivos, con GH mayores del 10%, para su uso en alimentación especializada, por sus propiedades bioactivas (Pedroche, Yust, Giron-Calle, Vioque, Alaiz & Millan, 2003).

Los hidrolizados extensivos (GH > 10%), son utilizados en alimentación especializada, como suplementos nutrimentales y dietas médicas que, por su alta solubilidad y óptima absorción intestinal son consumidos por atletas, personas de la tercera edad o consumidores que necesitan requerimientos especiales en sus dietas, así como en el tratamiento de síndromes específicos como fenilcetonuria, tirosinemia y encefalopatías hepáticas (Vioque et al., 2006).

Un factor importante a considerar durante la generación de los hidrolizados es la actividad enzimática específica (Vioque et al., 2001). Diversas enzimas son capaces de producir hidrolizados con propiedades bioactivas (Sosa, 2009; Torruco, 2008; Wenyi & González de Mejia, 2005; Yang, Yang, Chen, Tzeng & Han, 2004). La alcalasa es una de las más utilizadas y es una enzima grado alimentario producida por Novo Nordisk. La enzima presenta amplia especificidad e hidroliza la mayoría de los enlaces peptídicos que contengan residuos de aminoácidos aromáticos así como enlaces donde el extremo carboxílico contenga residuos hidrofóbicos como leucina, tirosina y valina. La alcalasa tiene su pH óptimo de actividad entre 6.5 y 8.5, siendo rápidamente inactivada debajo de pH 5 y por arriba de pH 11 (Tardioli et al., 2003). Otra enzima utilizada es la Flavourzima, proteasa obtenida del *Aspergillus oryzae*, que presenta actividad tanto endoproteasa como exopeptidasa con un pH óptimo entre 7 y 8. Esta enzima ha sido introducida por Novo Nordisk para disminuir el sabor amargo de los hidrolizados proteínicos con bajos grados de hidrólisis (10 a 20%) y para mejorar el sabor de los productos con alto grado de hidrólisis (50% o más). El sabor amargo desagradable de los hidrolizados puede producirse debido a la formación de péptidos con residuos hidrofóbicos al final de la cadena (Hamada, 2000).

2.5. Alimentos funcionales

En los últimos años, el interés por el estudio y el desarrollo de alimentos funcionales ha experimentado un gran incremento, tanto por su evidente valor terapéutico como por su gran interés para la industria alimentaria y farmacéutica, debido a repercusión económica que supone la comercialización de este tipo de alimentos (Martínez & Martínez, 2006). La hidrólisis enzimática puede liberar péptidos biológicamente activos que, además de su valor nutrimental como fuente de aminoácidos, son capaces de ejercer efectos biológicos específicos.

Para la Organización Mundial de Salud (OMS), la salud no solo es la ausencia de enfermedad, pues incluye también el bienestar físico, mental y psicológico. De manera análoga, el alimento no sólo es necesario para el sustento, desarrollo y crecimiento del cuerpo, sino que desempeña un papel clave en la calidad de la vida (Ashwell, 2004). El término alimento funcional nace en Japón para mejorar la calidad y aumentar las expectativas de vida, reduciendo así el gasto en salud de la población. Los alimentos funcionales son alimentos procesados que contienen ingredientes que regulan funciones específicas del organismo (Monge, Cardozo, Barreiro, Huenchuñir, Pinzón, Mora et al., 2008), como valor adicional, por encima de su valor nutrimental y cuyas acciones positivas justifican su carácter funcional (Silveira, Megías & Molina, 2003). La ciencia de los alimentos funcionales se dirige a los componentes alimentarios que afectan positivamente las funciones biológicas del organismo: crecimiento y desarrollo en la primera infancia, regulación de los procesos metabólicos básicos, defensa contra el estrés oxidativo, fisiología cardiovascular, fisiología gastrointestinal, rendimiento cognitivo y mental, incluidos el estado de ánimo y la rapidez de reacción (Ashwell, 2004). La demanda social de estos productos alimenticios aumenta cada día y hoy es posible responder a las exigencias de seguridad y eficacia que reclama la sociedad (Monge et al., 2008).

Existe una amplia gama de productos de los cuales se pueden obtener péptidos con propiedades farmacológicas interesantes (Tabla 1). Hidrolizados de la leche presentan actividades inmunomoduladoras y antihipertensivas (Wenyi & Gonzalez de Mejia, 2005), mientras que los hidrolizados de las leguminosas presentan actividades antioxidantes, antihipertensivas, citotóxicas y antiinflamatorias (Galicia, 2011; Torruco, 2008). Los péptidos bioactivos que constituyen los alimentos funcionales pueden tener acción local (gastrointestinal) y sistémica al atravesar el epitelio intestinal y llegar a tejidos periféricos a través de la circulación sanguínea (Martínez & Martínez, 2006). Estos hidrolizados y péptidos se han utilizado en el cuidado y prevención de enfermedades crónico degenerativas, incorporándolos a los alimentos como alternativa para mejorar la salud o prevenir enfermedades mediante una alimentación más saludable (Chel & Betancur, 2009).

Actividad biológica	Efecto benéfico
Inmunomoduladores	Estimulan la respuesta inmune
Inhibidores de la enzima convertidora de angiotensina	Reducen el riesgo de padecer enfermedades cardiovasculares
Antioxidantes	Previenen enfermedades degenerativas y envejecimiento
Reguladores de tránsito intestinal	Mejoran la digestión y absorción
Reguladores de la proliferación celular	Reducen la proliferación de tumores cancerígenos
Antimicrobianos	Reducen el riesgo de infecciones
Quelantes	Mejoran la absorción de minerales y metales
Hipocolesterolémicos	Reducen el riesgo de padecer enfermedades cardiovasculares
Anticoagulantes	Reducen los riesgos de padecer trombos

Tabla 1. Péptidos bioactivos y efectos benéficos en el organismo (Vioque et al., 2006)

Cabe mencionar que diversas empresas incluyen en sus productos diversos componentes bioactivos, como Valio Ltd. de Finlandia, quien desarrolló un producto a base de leche fermentada que contiene péptidos bioactivos. Los componentes del Evolus® presentan un efecto benéfico sobre la presión sanguínea ya que contiene muy poco sodio y adicionalmente proporciona calcio, potasio y magnesio. En todos los casos la acción antihipertensiva se ha debido a la presencia de los tripéptidos formados por Val-Pro-Pro (VPP) y Ile-Pro-Pro (IPP), los cuales purificados o como componentes de los productos hidrolizados han demostrado su efectividad para bajar la presión arterial en humanos después de entre 2 a 7 semanas de consumir el producto. Hata, Yamamoto, Ohni y Nakajima (1996) de igual forma desarrollaron un producto que contenía los mismos péptidos que el Evolus®, a este producto lo denominaron Calpis® y durante su evaluación clínica redujo la presión sistólica y diastólica (p < 0.05). Asimismo se han añadido péptidos extraídos de hidrolizados con caseína de leche con secuencia RYLGY y AYFYPEL, disminuyendo la presión de ratas espontáneamente hipertensas a dosis de 200-800 mg/kg. También se incorporó a un yogurt líquido conservando sus características después de ser sometido a procesos de atomización, homogenización y pasteurización (Contreras, Sevilla, Monroy, Amigo, Molina, Ramos et al., 2011). El panorama actual en el campo de los alimentos funcionales y los avances en la investigación en el uso de hidrolizados en la industria alimentaria da la pauta para la utilización de los productos de hidrólisis de la leguminosa *M. pruriens* como antihipertensivo.

2.6. Bioevaluación de los hidrolizados

La actividad farmacológica de los hidrolizados puede evaluarse mediante ensayos *in vitro* como *in vivo*, con las ventajas y desventajas que presenta cada una de estas modalidades de estudio. El modelo *in vitro* permite determinar actividades concentración - dependiente en poblaciones celulares o tejidos aislados (curvas dosis-respuesta), sin que los hidrolizados y péptidos activos sean afectados por parámetros farmacocinéticos que pudieran limitar la actividad de los mismos, como el metabolismo y la excreción. Sin embargo, son los estudios *in vivo* los que determinan la utilidad y eficacia en el individuo, considerando además la actividad selectiva o específica sobre los órganos o sistemas fisiológicos. Los estudios *in vitro* realizados con los hidrolizados pueden revisarse en el capítulo 2 de este libro.

Se han descrito distintas metodologías para la evaluación de componentes activos que se incorporan durante la producción de alimentos funcionales, tal como lo reportan Plaami, Dekker y Jongen (2002). Se inicia con pruebas "*in vitro*", después se evalúan en modelos animales y finalmente en seres humanos. Posterior a la evaluación "*in vivo*", los hidrolizados son susceptibles a ser adicionados en alimentos y/o bebidas debido a su alta solubilidad, tal como lo realizó Torruco (2008), quien adicionó fracciones peptídicas bioactivas menores a 1 kDa, extraídos de *P. lunatus* y *P. vulgaris* a una concentración de 10.000 ppm y estos mantuvieron su actividad inhibitoria de la ECA-I observada *in vitro*.

Evaluación del efecto hipotensor y antihipertensivo

Para determinar la actividad hipotensora y antihipertensiva *in vivo* de los hidrolizados obtenidos de las leguminosas *M. pruriens*, *P. vulgaris* y *P. lunatus* se utilizaron ratas Wistar normo e hipertensas. La presión arterial se determinó por métodos no invasivos mediante la colocación de un transductor de presión en la base de la cola. Para cada concentración de los hidrolizados se utilizaron sus respectivos controles positivos y negativos, utilizando de 4 a 6 individuos para cada experimento. El peso corporal de las ratas estuvo en un rango de 240 a 320 g y edad de entre 8 y 10 semanas. Las condiciones ambientales del bioterio fueron a temperatura de 25°C y una humedad relativa de 40 a 70%. Se aplicó un ciclo de luz y oscuridad de 12 h (07:00 – 19:00) durante toda la etapa del experimento.

El efecto hipotensor se determinó de acuerdo al método reportado por Torruco (2008), mediante el registro electrofisiológico de la presión arterial extravascular no invasivo (Flores, Infante, Sánchez, Martinez & Rodriguez, 2002), en ratas anestesiadas con una dosis única (30 mg/kg) de barbital sódico (Sigma B0375) por vía intraperitoneal (I.P.). Los métodos invasivos involucran intervención quirúrgica del animal para el registro intraarterial de la presión en ratas anestesiadas o despiertas mediante el registro telemétrico, previa instalación del dispositivo inalámbrico (Braga & Prabhakar 2009; Silasi, MacLellan & Colbourne, 2009). Los hidrolizados proteínicos elegidos de acuerdo a su actividad *in vitro* sobre la enzima convertidora de angiotensina (ECA), blanco terapéutico de las terapias antihipertensivas (Bader, 2010), se evaluaron en tres dosis: 5, 10 y 15 mg/kg de peso corporal de las ratas, diluidos en 0.3 ml de solución salina fisiológica con la siguiente composición (en mM): NaCl, 130; KCl, 3; $CaCl_2$, 2; $MgCl_2$, 2; $NaHCO_3$, 1; NaH_2PO_4, 0.5; HEPES 5 (ácido 4-(2-hidroxietil)-1-piperazine-ethanesulfónico, Sigma Aldrich H4034), el pH se ajustó a 7.4 con NaOH. Como control testigo positivo se utilizó captopril, un IECA utilizado frecuentemente para el control de la presión arterial, (Captopril®, Sigma Aldrich C4042-5G) a la misma dosis que los hidrolizados (5, 10 y 15 mg/kg de peso corporal). Como control negativo se administró 0.3 ml del vehículo (solución salina fisiológica). Todas las ratas tuvieron libre acceso a un alimento estándar (nu3lab, Research Global Solution) y agua *ad libitum*.

Una vez bajo anestesia, las ratas se pesaron para determinar la cantidad de hidrolizado y captopril que se administrarían vía intraperitoneal (mg/kg). En la base de la cola se conectó el transductor de presión y éste a su vez en línea con un fisiógrafo (Physiograph CPM Narco Bio-System, Inc. Houston, Texas). Las señales de la presión arterial podían ser vistas en un osciloscopio (OWON PDS 5022S) y adquiridas (a 1Khz) en una computadora mediante el convertidor analógico-digital Mini Digi B (Axon Instruments) y el software AxoScope 10.2. El análisis de los registros de presión arterial se utilizó el Clampfit 10.2 (Axon Instruments). La presión arterial se registró durante al menos 2.5 h por cada rata. De este periodo, los primeros 20-30 minutos representan la presión arterial basal y después se administró vía I.P. el tratamiento a evaluar: control negativo (solución salina fisiológica), control positivo (Captopril®) y los hidrolizados proteínicos.

El porcentaje de efecto hipotensor se calculó a partir de la siguiente fórmula:

$$\% \text{ de efecto hipotensor} = 100 \times (PA\ Exp)/(PA\ Ctrl)$$

Donde: PA Exp es la presión arterial observada después de la administración del vehículo, captopril o hidrolizados y PA Ctrl es la presión arterial basal observada durante los primeros 20-30 min. de registro.

La solución salina fisiológica, utilizada como vehículo para disolver los hidrolizados y el captopril® (control negativo) tuvo un efecto hipotensor no significativo ($p > 0.05$), de 0.60 ± 0.14 y $1.194 \pm 0.53\%$ sobre la presión arterial sistólica y diastólica respectivamente. Este efecto reducido fue reportado en la literatura (Chen, Lo, Hu, Wu, Chen & Chang, 2003; Lu, Ren, Xue, Sawuano, Miyakawa & Tanokura, 2010; Zhou, Xue & Wang, 2010). Sin embargo, el efecto con el captopril fue significativo, disminuyendo la presión arterial un 23.54 ± 0.01 a una concentración de 5 mg/kg. Al incrementar la concentración, la disminución de la presión arterial fue mayor, hasta 40.47 ± 4.85 y 76.45 ± 0.02 para 10 mg/kg y 15 mg/kg, respectivamente (Tabla 2), este efecto obtenido fue similar al reportado por Torruco (2008).

Grupo control	Dosis	▼ P. Sistólica (%)	▼ P. Diastólica (%)
Solución salina fisiológica	0.3 ml	0.60 ± 0.14	1.94 ± 0.53
Captopril®	5 mg/kg	23.54 ± 0.01	22.68 ± 0.05
	10 mg/kg	40.47 ± 4.85	30.48 ± 5.71
	15 mg/kg	76.45 ± 0.02	61.00 ± 0.02

Tabla 2. Reducción de la presión (%) sistólica y diastólica en grupos control positivo (captopril) y control negativo (Solución salina fisiológica). (n = 4), media ± DE

Los hidrolizados obtenidos con Alcalasa (90 min de hidrólisis) redujeron la presión arterial un 31.11 ± 18.51 a la dosis de 5 mg/kg del peso corporal de la rata (Figura 3), sin ser estadísticamente diferentes ($p > 0.05$) a las evaluadas a mayor concentración (dosis de 10 y 15 mg/kg). El efecto del hidrolizado de *Mucuna pruriens* fue similar al reportado por Torruco (2008) para hidrolizados proteínicos de *P. lunatus* con Alcalasa a 90 min y concentración de 10 mg/kg. Por otra parte, el efecto del hidrolizado con Alcalasa (120 min) fue estadísticamente semejante en todas las dosis evaluadas (5, 10 y 15 mg/kg, $p < 0.05$), oscilando de 29.37 a 43.47%, pero mayor al observado con captopril a la dosis de 5 mg/kg ($p < 0.05$), semejante a la dosis de 10 mg/kg ($p < 0.05$), pero menor al observado con la dosis de 15 mg/kg. Estos resultados fueron similares a los encontrados con *P. vulgaris* hidrolizado con Alcalasa durante 60 min a concentraciones de 5 y 15 mg/kg reportados por (Torruco, 2008).

Los hidrolizados con Flavourzima de 5 min que presentaron mayor efecto hipotensor a una dosis de 10 mg/kg, tuvieron una reducción de la presión de 22.48 ± 12.37, aunque fueron menores que los obtenidos con el fármaco Captopril® a la misma dosis. Los hidrolizados con Flavourzima de 120 min de hidrólisis, no presentaron un efecto significativo sobre la presión arterial de la rata, dando valores que oscilaron de 1.09 a 12.64% y -0.58 a 12.85%, siendo estadísticamente iguales (5, 10 y 15 mg/kg). Esto sugiere que al aumentar el tiempo de hidrólisis, el sistema Flavourzima degrada los péptidos activos generados durante los primeros 5 min de hidrólisis.

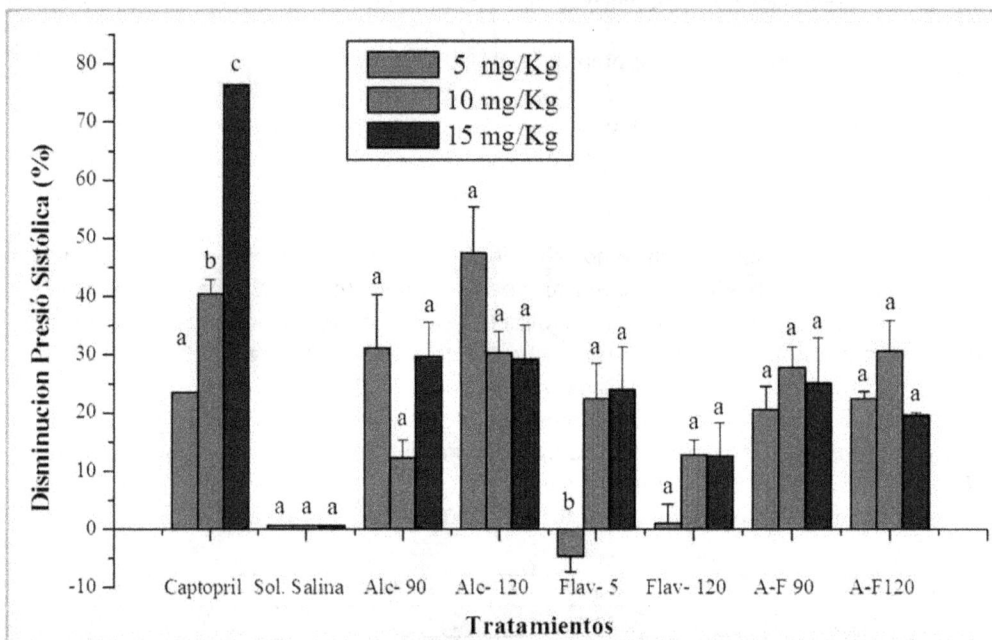

Figura 3. Disminución de la presión sistólica (%) del control positivo, negativo e hidrolizados proteínicos de Mucuna pruriens (n = 4), media ± EEM. a-c Letras diferentes sobre las barras indican diferencia estadística por tratamiento (p < 0.05)

El efecto hipotensor del sistema secuencial Alc-Flav (90 min de hidrólisis) a dosis de 5 mg/kg, fue de 20.58 ± 8.12 (Figura 3), semejante al observado con 120 min de hidrólisis (22.40 ± 2.53) a la misma concentración. Este efecto fue estadísticamente similar (p > 0.05) al observado con captopril, sin embargo al aumentar la dosis del hidrolizado no se observó un mayor efecto hipotensor, lo cual si se observó con el captopril.

Para determinar el efecto antihipertensivo se utilizan diversos modelos de inducción de hipertensión (Badyal, Lata & Dadhich, 2003). En este experimento se indujo hipertensión arterial en las ratas con la metodología reportada por Kuru, Sentürk, Koçer, Özdem, Baskurt, Çetin et al. (2009). La administración oral crónica del inductor L-NAME en su agua de uso, a una dosis de 25 mg/kg del peso corporal de la rata durante un periodo de 5 a 6 semanas. Este inhibidor de la óxido nítrico sintetasa induce un incremento de la presión arterial después de su administración crónica (Kuru et al., 2009). Como control negativo (sin fármaco) se utilizaron 5 ratas. La inhibición de la óxido nítrico sintetasa se comprobó farmacológicamente mediante la administración aguda (vía I.P.) del inhibidor L-NAME, comparando su efecto sobre la presión arterial con el grupo control. El captopril se utilizó como control positivo, a la misma concentración que los hidrolizados. Durante el tratamiento del L-NAME se determinó el peso corporal de las ratas cada semana, así como un análisis de la química urinaria con tiras reactivas multiparamétricas (Uricheck 10: nitritos, proteínas, glucosa, cuerpos cetónicos, urobilinógeno, bilirrubinas, sangre, gravedad específica, pH y leucocitos), lo que permitía conocer la funcionalidad renal de los modelos experimentales.

Después de las 6 semanas de tratamiento con L-NAME (a dosis de 25 mg/kg/día), las ratas Wistar tratadas, se consideraron en estado hipertenso (HTA) según lo reportado por Kuru et al. (2009) donde presentaron una elevación de la presión arterial mayor a 140 mmHg después de la quinta semana de tratamiento. La evaluación farmacológica de la inactivación de la enzima oxido nítrico sintetasa (ON) mediante la administración vía I.P. del inhibidor L-NAME, se muestra en la Figura 4.

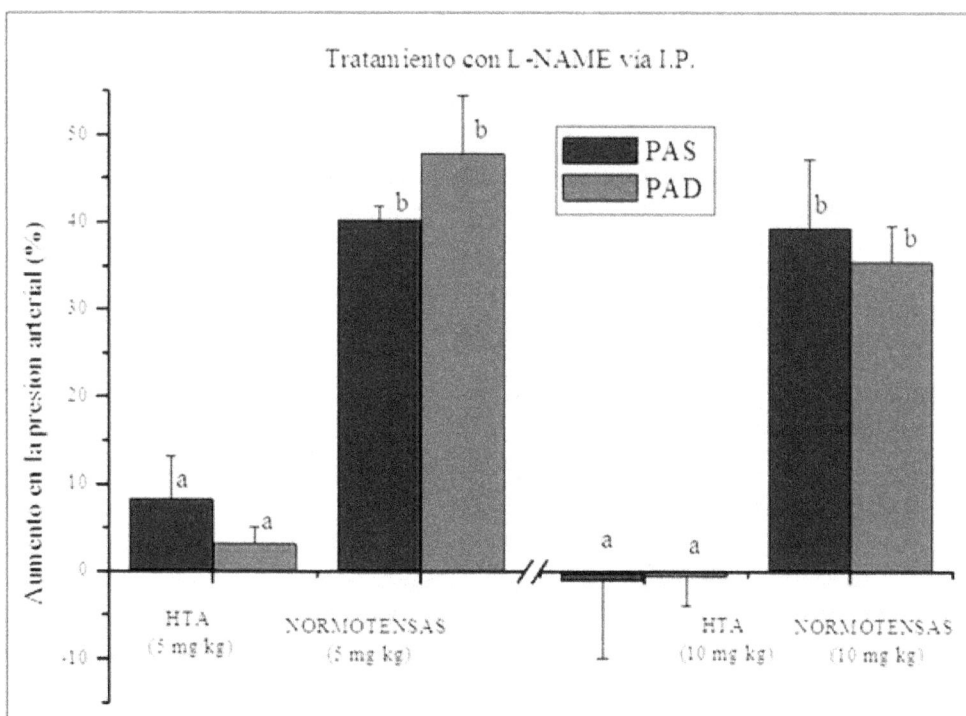

Figura 4. Efecto hipertensor de L-NAME (vía I.P.) en ratas con hipertensión arterial inducida (HTA) y ratas normotensas Wistar, (n = 4), media ± DE. a-b Letras diferentes sobre las barras indican diferencia estadística por dosis (p < 0.05)

El efecto hipertensor de las ratas con HTA inducida fue de 8.20 ± 4.93 y -0.54 ± 3.37% para la dosis de 5 y 10 mg/kg, respectivamente. Sin embargo, en las ratas control, sin inhibición de la óxido nítrico sintetasa por L-NAME, el efecto hipertensor fue mayor: 40.18 ± 1.56 y 39.31 ± 7.85 a las dosis de 5 y 10 mg/kg, respectivamente. Este efecto hipertensor es similar a lo reportado por Ladecola, Xu, Zhang y Hu (1994). La inhibición de esta enzima disminuye los niveles de ON, y se ve reflejado en un aumento en la presión arterial (Chao-Yu, Fu-Ming & Ding-Feng, 2001). Los modelos experimentales tratados y no tratados con L-NAME, no presentaron diferencias significativas en el peso (p > 0.05) y los parámetros evaluados en la orina estuvieron dentro de los límites normales (Laso, 2002).

En la Figura 5 se presenta el efecto antihipertensivo de los hidrolizados que presentaron mayor efecto hipotensor en las ratas Wistar normotensas. La respuesta antihipertensiva del hidrolizado con Alcalasa (90 min), a una dosis de 5 mg/kg fue de 25.53 ± 5.46%, similar a los obtenidos en las ratas normotensas. El hidrolizado con Alcalasa, 120 min de hidrólisis redujo la presión arterial 29.37 ± 13.03% a la dosis de 5 mg/kg y fue estaditicamente igual (p > 0.05) al de 90 min y ambos al captopril (reducción de 28.56 ± 5.23%). Los resultados obtenidos con el sistema Alcalasa fueron mayores a los que reportan Lourenço, da Rocha y Netto (2007) para los hidrolizados de proteína de suero con Alcalasa (hasta GH de 10%) en ratas espontáneamente hipertensas (SHR), donde probaron una dosis más alta (500 mg/kg) y solamente redujo un 15% la presión arterial.

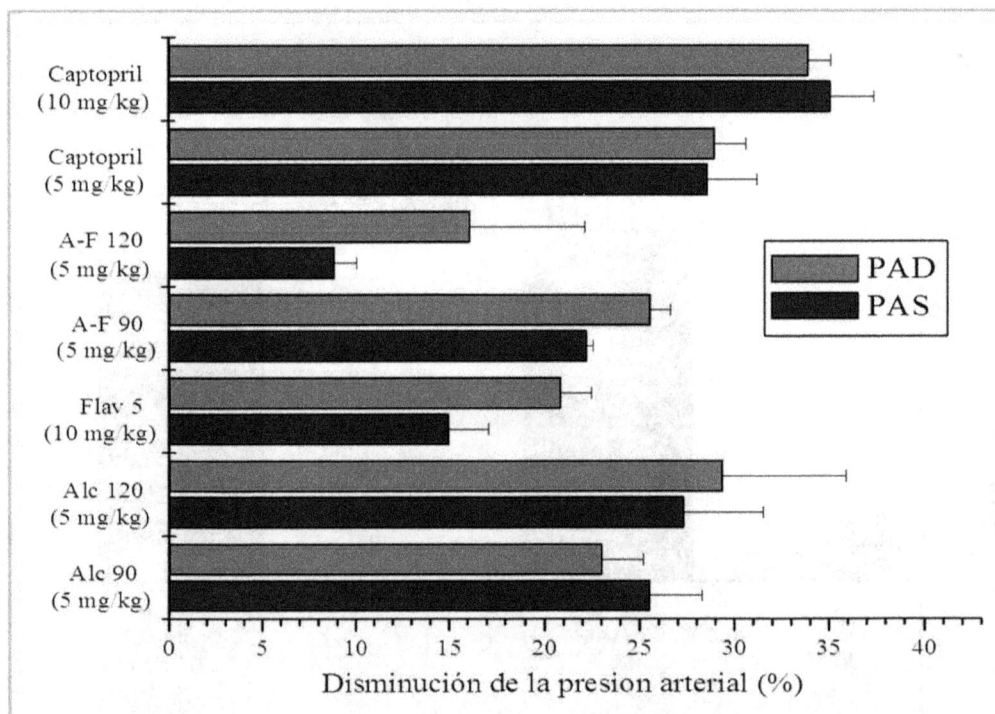

Figura 5. Efecto antihipertensivo de hidrolizados proteínicos de M. pruriens y captopril (vía I.P.) en ratas con hipertensión arterial inducida (HTA). (n = 4), media ± EEM. PAD, presión arterial diastólica; PAS, presión arterial sistólica

Los hidrolizados con Flavourzima de 5 min tuvieron un efecto antihipertensivo de 14.96 ± 4.32% a dosis de 10 mg/kg, menor que el obtenido con los de Alcalasa (90 min, 5 mg/kg) y captopril a la misma dosis, el cual redujo la presión un 35.05 ± 4.58%. Existe poca evidencia científica donde se hayan evaluado hidrolizados con Flavourzima vía I.P., sin embargo se han encontrado péptidos con actividad antihipertensiva a partir de hidrolizados con Flavourzima como los citados por Tonouchi, Suzuki, Uchida & Oda (2008) a partir del hidrolizado de queso danés obtenido mediante una mezcla de Proteasa N, Umamizima y Flavourzima, produciendo un péptido de secuencia Met-Ala-Pro que al ser administrado oralmente a ratas SHR mostró una reducción de la presión arterial sistólica aproximadamente un 10%. También Tsai, Chen, Pan, Gong & Chung (2008) utilizaron Flavourzima como acelerador en la producción de péptidos bioactivos, sucesivo a fermentación con bacterias ácido lácticas, capaces de inhibir a la ECA y tener efecto en la reducción de la presión arterial.

Para los hidrolizados obtenidos con el sistema secuencial de 90 y 120 min (5 mg/kg), el efecto antihipertensivo fue de 22.22 ± 0.75% y 16.10 ± 12.12%, respectivamente (Figura 5). El efecto observado a 90 min de hidrólisis fue estadísticamente similar (p > 0.05) al observado con captopril a la misma dosis. Nuevamente, al aumentar el tiempo de hidrólisis con flavourzima disminuye el efecto antihipertensivo. Diversos autores han extraído péptidos con actividad antihipertensiva (Chen, Xuan, Fu, He, Wang, Zhang et al., 2007; Jauhiainen, Pilvi, Jian, Kautiainen, Muller, Vapaatalo et al., 2010; Megías, Pedroche, Yust, Alainz, Giron, Millán et al., 2009), asimismo, Motoi y Kodama (2003) a partir de hidrolizado de proteína de soya con Proteasa M, secuenciaron el péptido Ile-Ala-Pro, y después de ser disuelto en solución salina se inyectó por vía I.P. a ratas SHR, a dosis muy elevada de 50 mg/kg que redujo la presión arterial sistólica en aproximadamente un 25%, y al aumentar la dosis a 150 mg/kg la presión arterial se redujo cerca de un 40%.

3. Conclusión

Los hidrolizados generados de *Mucuna pruriens* fueron farmacológicamente activos, capaces de disminuir la presión arterial. Estos resultados permiten sugerir su incorporación en los alimentos como alternativa antihipertensiva para mejorar la salud o prevenir las complicaciones de la enfermedad mediante una alimentación más saludable.

La actividad farmacológica de los hidrolizados proteínicos obtenidos con los sistemas enzimáticos permite desarrollar alimentos funcionales o nutracéuticos que pueden ser utilizados para prevenir o reducir la aparición de las enfermedades crónico-degenerativas del síndrome metabólico y sus complicaciones.

El proceso de hidrólisis genera péptidos con actividad biológica, proceso que debe ser estandarizado para mejorar el rendimiento de los mismos ya que un mayor tiempo de hidrólisis podría llevar a su degradación, como ocurre con el sistema de la Flavourzima.

Agradecimientos

Agradecimiento especial a las siguientes personalidades: Dr. Luis Chel Guerrero, Dr. David Betancur Ancona, de la Facultad de ingeniería Química de la Universidad Autónoma de Yucatán, por su participación activa en la producción de los hidrolizados; MVZ Gerardo Arrellin Rosas, responsable del Bioterio de la Facultad de Medicina de la Universidad Autónoma del Estado de Morelos; Dra. Elizabeth Mata Moreno y Técnico Sergio González Trujillo, responsables del

S.Galicia Martínez, J.Torruco Uco, E.Negrete León, M.L.Cadena Pino, J.J.Acevedo Fernández, J.S.Angeles Chimal, J.Santa-Olalla Tapia, V.L.Petricevich López

Bioterio del Instituto de Biotecnología de la Universidad Nacional Autónoma de México, por su apoyo en la crianza y el cuidado de los modelos experimentales. Asimismo, a las entidades que brindaron el apoyo económico para realización del proyecto: RUBIO-PHARMA, PROMEP, FARMED-CONACYT.

Referencias

Adebowale, Y., Adeyemi, I., Oshodi, A., & Niranjan, K. (2007). Isolation, fractionation and characterisation of proteins from Mucuna bean. *Food Chemistry, 104,* 287-299. http://dx.doi.org/10.1016/j.foodchem.2006.11.050

Adebowale, Y.A. (2008). A study of the control variables during the preparation of protein isolate from Mucuna bean (*Mucuna pruriens*). *Electronic Journal of Enviromental, Agricultural and Food Chemistry, 7(9),* 3223-3238.

Ashwell, M. (2004). *Conceptos sobre alimentos funcionales*. ILSI Europe, 1-40.

Bader, M. (2010). Tissue renin-angiotensin-aldosterone systems: targets for pharmacological therapy. *Annual Review of Pharmacology and Toxicology, 50,* 439-465. http://dx.doi.org/10.1146/annurev.pharmtox.010909.105610

Badui, S. (2006). *Química de los alimentos*. México.

Badyal, D., Lata, H., & Dadhich, A. (2003). Animal models of hypertension and effect of drugs. *Indian Journal of Pharmacology, 35,* 349-362.

Betancur, D., Gallegos, S., & Chel, L. (2004). Wet-fractionation of Phaseolus lunatus seeds: partial characterization of starch and protein. *Journal of the Science of Food and Agriculture, 84,* 1193-1201. http://dx.doi.org/10.1002/jsfa.1804

Betancur, D., Martinez, R., Corona, A., Castellanos, A., Jaramillo, E., & Chel, L. (2009). Functional properties of hydrolysates from Phaseolus lunatus seeds. *International Journal of Food Science and Technology, 44,* 128-137. http://dx.doi.org/10.1111/j.1365-2621.2007.01690.x

Braga, V. & Prabhakar, N. (2009). Refinement of telemetry for measuring blood pressure in conscious rats. *Journal of the American Association for Laboratory Animal Science, 48(3),* 268-271.

Chao-Yu, M., Fu-Ming, S., & Ding-Feng, S. (2001). Blood pressure variability is increased in genetic hypertension and L-NAME induced hypertension. *Acta Pharmacologica Sinica, 22(2),* 137-140.

Chel, L. & Betancur, D. (2009). Biopéptidos alimenticios: nuevos promotores de la salud. *Mundo Alimentario, Nov./Dic.,* 7-12.

Chel, L., Pérez, V., Betancur, D., & Dávila, G. (2002). Functional properties of flours and protein isolates from Phaseolus lunatus and Canavalia ensiformis seeds. *Journal of Agricultural and Food Chemistry, 50(3),* 584-591. http://dx.doi.org/10.1021/jf010778j

Chen, Q., Xuan, G., Fu, M., He, G., Wang, W., Zhang, H., & Ruan, H. (2007). Effect of angiotensin I-converting enzyme inhibitory peptide from rice dregs protein on antihypertensive activity in spontaneously hypertensive rats. *Asia Pacific Journal of Clinical Nutrition, 16(Suppl 1),* 281-285.

Chen, T., Lo, Y., Hu, W., Wu, M., Chen, S., & Chang, H. (2003). Microencapsulation and modification of synthetic peptides of food proteins reduces the blood pressure of spontaneously hypertensive rats. *Journal of Agricultural and Food Chemistry, 51,* 1671-1675. http://dx.doi.org/10.1021/jf020900u

Contreras, M., Sevilla, M., Monroy, J., Amigo, L., Molina, E., Ramos, M., & Recio, I. (2011). Food-grade production of an antihypertensive casein hydrolysate and resistance of active peptides to drying and storage. *International Dairy Journal, 21,* 470-476. http://dx.doi.org/10.1016/j.idairyj.2011.02.004

Corzo, L., Chel, L., & Betancur, D. (2000). Extracción de las fracciones de almidón y proteína del grano de la leguminosa Mucuna pruriens. *Tecnología Ciencia y Educación, 15,* 35-41.

Federación Internacional de Diabetes, 2012.

Flores, P., Infante, O., Sánchez, G., Martinez, R., & Rodriguez, G. (2002). Detección de signos vitales en ratas mediante métodos no invasivos. *Veterinaria Mexicana, 33(2),* 179-187.

Galicia, S. (2011). *Evaluación de la actividad antihipertensiva in vivo de hidrolizados proteínicos de la leguminosa Mucuna pruriens*. Instituto Politécnico Nacional.

Guadix, A., Guadix, E., Paez, M., Gonzalez, P., & Camacho, P. (2000). Procesos tecnológicos y métodos de control en la hidrólisis de proteínas. *Ars Pharmaceutica, 41(1),* 79-89.

Hamada, J. (2000). Characterization and functional properties of rice bran proteins modified by commercial exoproteases and endoproteases. *Journal of Food Science, 65(2),* 305-310. http://dx.doi.org/10.1111/j.1365-2621.2000.tb15998.x

Hata, Y., Yamamoto, M., Ohni, M., & Nakajima, K. (1996). A placebo-controlled study of the effect of sour milk on blood pressure in hypertensive subjects. *The American Journal of Clinical Nutrtion, 64(5),* 767-771.

Jauhiainen, T., Pilvi, T., Jian, Z., Kautiainen, H., Muller, D., Vapaatalo, H., Korpela, R., & Mervaala, E. (2010). Milk products containing bioactive tripeptides have an antihypertensive effect in double transgenic rats (dTGR) harbouring human renin and human angiotensinogen genes. *Journal of Nutrition andMetabolism,* 1-6.

Kuru, O., Sentürk, U., Koçer, G., Özdem, S., Baskurt, O., Çetin, A., Yesilkaya, A., & Gündüz, F. (2009). Effect of exercise training on resistance arteries in rats with chronic NOS inhibition. *Journal of Applied Physiology, 107,* 896-902. http://dx.doi.org/10.1152/japplphysiol.91180.2008

Ladecola, C., Xu, X., Zhang, F., & Hu, J. (1994). Prolonged inhibition of brain nitric oxide synthase by short-term systemic administration of nitro-L-arginine methyl ester. *Journal of neurochemistry research, 19(4),* 501-505.

Laso, M. (2002). Interpretación del análisis de orina. *Archivos Argentinos de Pediatría, 100(2),* 179-183.

Lourenço, E., da Rocha, J., & Netto, F. (2007). Effect of heat and enzymatic treatment on the antihypertensive activity of whey protein hydrolysates. International *Dairy Journal, 17,* 632-640. http://dx.doi.org/10.1016/j.idairyj.2006.09.003

Lu, J., Ren, D., Xue, Y., Sawuano, Y., Miyakawa, T., & Tanokura, M. (2010). Isolation of an antihypertensive peptide from alcalase digest of Spirulina platensis. *Journal of Agricultural and Food Chemistry, 58,* 7166-7171. http://dx.doi.org/10.1021/jf100193f

Martínez, O. & Martínez, E. (2006). Proteínas y péptidos en nutrición enteral. *Nutrición Hospitalaria, 21(2),* 1-14.

Megías, C., Pedroche, J., Yust, M., Alainz, M., Giron, C., Millán, F., & Vioque, J. (2009). Purification of angiotensin converting enzyme inhibitory peptides from sunflower protein hydrolysates by reverse-phase chromatography following affinity purification. *Food Science and Technology, 42,* 228-232.

Monge, A., Cardozo, T., Barreiro, E., Huenchuñir, P., Pinzón, R., Mora, G., Núñez, A., & Chiriboga, X. (2008). Functional foods. Reflexions of a scientist regarding a market in expansion. *Revista CENIC Ciencias Químicas, 39(2),* 81-85.

Morris, H., Borges, L., Martínez, C., & Carrillo, O. (2002). Aspectos bioquímicos de la recuperación de ratones Balb/C malnutridos con un hidrolizado proteíco de *Cholrella vulgaris. Revista Cubana de Alimentacion y Nutrición, 16(1),* 5-12.

Motoi, H. & Kodama, T. (2003). Isolation and characterization of angiotensin I-converting enzyme inhibitory peptides from wheat gliadin hydrolysate. *Nahrung/Food, 47,* 354-358.

Pedroche, J., Yust, M., Giron-Calle, J., Vioque, J., Alaiz, M., & Millan, F. (2003). Plant protein hydrolysates and tailor-made foods. *Electronic Journal of Environmental, Agricultural and Food Chemistry, 2,* 233-235.

Plaami, S., Dekker, M., & Jongen, W. (2002). Functional food: a conceptual model for assessing their safety and effectiveness. *Innovation Network Rural Areas and Agricultural Systems,* 1-54.

Shimizu, M. (2004). Food-derived peptides and intestinal functions. *Biofactors, 21,* 43-47. http://dx.doi.org/10.1002/biof.552210109

Silasi, G., MacLellan, C., & Colbourne, F. (2009). Use of telemetry blood pressure transmitters to measure intracranial pressure (ICP) in freely moving rats. *Current Neurovascular Research, 6(1),* 1-7. http://dx.doi.org/10.2174/156720209787466046

Silveira, M., Megías, S., & Molina, B. (2003). Alimentos funcionales y nutrición óptima ¿cerca o lejos? *Revista Española de Salud Pública, 77(317),* 331.

Sosa, T. (2009). *Evaluación de la funcionalidad fisiológica y tecnológica de hidrolizados proteínicos de frijol endurecido.* Universidad Autónoma de Yucatán.

Tardioli, P., Fernández, R., Guisán, J., & Giordano, R. (2003). Desing of new immobilized-stabilized carboxypeptidase a derivative for production of aromatic free hydrolysates of proteins. *Biotechnology Progress, 19(2),* 565-574. http://dx.doi.org/10.1021/bp0256364

Tonouchi, H., Suzuki, M., Uchida, M., & Oda, M. (2008). Antihypertensive effect of an angiotensin converting enzyme inhibitory peptide from enzyme modified cheese. *Journal of Dairy Research, 75,* 284-290. http://dx.doi.org/10.1017/S0022029908003452

Torruco, J. (2008). *Efecto antihipertensivo de fracciones peptídicas bioactivas obtenidas a partir de frijol lima (Phaseolus lunatus) y frijol jamapa (Phaseolus vulgaris).* Instituto Politécnico Nacional.

Tsai, J., Chen, T., Pan, B., Gong, S., & Chung, M. (2008). Antihypertensive effect of bioactive peptides produced by protease-facilitated lactic acid fermentation of milk. *Food Chemistry, 106,* 552-558. http://dx.doi.org/10.1016/j.foodchem.2007.06.039

Vioque, J., Pedroche, J., Yust, M., Lqari, H., Megías, C., Girón, J., Alaiz, M., & Millán, F. (2006). Bioactive peptides in storage plant proteins. *Brazilian Journal of Food Technology., 3,* 99-102.

Vioque, J., Sanchez, R., Pedroche, J., Yust, M., & Millán, F. (2001). Obtención y aplicaciones de concentrados y aislados proteicos. *Grasas y Aceites, 52(2),* 127-131.

Wenyi, W. & Gonzalez de Mejia, E. (2005). A new frontier in soy bioactive peptides that may prevent age-related chronic diseases. *Journal of Comprehensive Reviews in Food Science and Food Safety, 4,* 63-78. http://dx.doi.org/10.1111/j.1541-4337.2005.tb00075.x

Yang, H., Yang, S., Chen, J., Tzeng, Y., & Han, B. (2004). Soyabean protein hydrolysate prevents the development of hypertension in spontaneously hypertensive rats. *British Journal of Nutrition, 92,* 507-512. http://dx.doi.org/10.1079/BJN20041218

Zaloga, G. & Siddiqui, R. (2004). Biologically active dietary peptides. *Mini-Reviews in Medicinal Chemistry, 4(8),* 815-818. http://dx.doi.org/10.2174/1389557043403477

Zhou, F., Xue, Z., & Wang, J. (2010). Antihypertensive effects of silk fibroin hydrolysate by alcalase and purification of an ACE inhibitory dipeptide. *Journal of Agricultural and Food Chemistry, 58,* 6735-6740. http://dx.doi.org/10.1021/jf101101r

www.ingramcontent.com/pod-product-compliance
Lightning Source LLC
Chambersburg PA
CBHW051216200326
41519CB00025B/7133